utb 8711

Eine Arbeitsgemeinschaft der Verlage

Böhlau Verlag · Wien · Köln · Weimar
Verlag Barbara Budrich · Opladen · Toronto
facultas · Wien
Wilhelm Fink · Paderborn
Narr Francke Attempto Verlag / expert verlag · Tübingen
Haupt Verlag · Bern
Verlag Julius Klinkhardt · Bad Heilbrunn
Mohr Siebeck · Tübingen
Ernst Reinhardt Verlag · München
Ferdinand Schöningh · Paderborn
transcript Verlag · Bielefeld
Eugen Ulmer Verlag · Stuttgart
UVK Verlag · München
Vandenhoeck & Ruprecht · Göttingen
Waxmann · Münster · New York
wbv Publikation · Bielefeld
Wochenschau Verlag · Frankfurt am Main

Alexander Hennig

Marketing Schritt für Schritt

Arbeitsbuch

6., überarbeitete Auflage

UVK Verlag · München

Prof. Dr. Alexander Hennig ist Professor für Betriebswirtschaftslehre und Handelsmanagement und leitet den Studiengang Digital Commerce Management an der Dualen Hochschule Mannheim.

Online-Angebote oder elektronische Ausgaben sind erhältlich unter www.utb-shop.de.

Bibliografische Information der Deutschen Nationalbibliothek

Die Deutsche Nationalbibliothek verzeichnet diese Publikation in der Deutschen Nationalbibliografie; detaillierte bibliografische Daten sind im Internet über <http://dnb.dnb.de> abrufbar.

6. Auflage 2021
5. Auflage 2020
4. Auflage 2019
3. Auflage 2018
2. Auflage 2017
1. Auflage 2013

– ein Unternehmen der Narr Francke Attempto Verlag GmbH + Co. KG,
Dischingerweg 5, D-72070 Tübingen

Einbandgestaltung: Atelier Reichert, Stuttgart
Cover-Illustration: © branchecarica – Fotolia.com
Druck und Bindung: CPI books GmbH, Leck

Internet: www@narr.de
eMail: info.narr.de

UTB-Nr. 8711
ISBN 978-3-8252-8790-0 (Print)
ISBN 978-3-8385-8790-5 (ePDF)

Vorwort

Schon seit vielen Jahrzehnten gehört das Marketing in den Unternehmen zu den wichtigsten Aufgaben. Unternehmen stehen im Wettbewerb mit anderen Unternehmen, die dieselben Kunden erreichen möchten.

Grundlegende und vertiefende Vorlesungen zum Marketing gehören daher zum Vorlesungsprogramm aller wirtschaftswissenschaftlichen und auch vieler nichtökonomischer Studiengänge. In vielen Berufsfeldern – auch außerhalb der Marketing-Abteilungen – sind Kenntnisse im Marketing heute gefragt und notwendig für die Erfüllung der gestellten Aufgaben.

In diesem Arbeitsbuch findet man alle wesentlichen Inhalte zum Thema Marketing. Besonders wichtig ist dem Buch dabei, durch Überblicksdarstellungen, Aufzählungen und Prozessschritte die Struktur des Marketings deutlich zu machen. Jedes Lernkapitel ist auf die Prüfung zugeschnitten. Neben den wichtigen Stichworten findet man wertvolle und themenbezogene Prüfungstipps. Nach jedem Kapitel kann der Leser seinen Wissensstand überprüfen.

Am Ende des Buches findet man ein Glossar mit den wichtigsten Begriffen.

Vorab ein allgemeiner und besonders wichtiger Prüfungstipp für alle Marketing-Vorlesungen: Wirklich jeder kann viel vom Marketing in der Praxis sehen und lernen, wenn er mit offenen Augen und Ohren durch die Welt geht. Weil sich das Marketing an uns als Kunden richtet, ist es für uns alle erfahrbar – jeden Tag. Genau deswegen werden in diesem Buch die theoretischen Inhalte immer auch an aktuellen (kursiv gedruckten) Beispielen aus der Realität angewendet und verdeutlicht. Suchen Sie in der Realität Marketing-Strategien und -Instrumente und stellen Sie die Verbindung zu den hier genannten Fachbegriffen der Betriebswirtschaftslehre her!

Und hier noch ein weiterer Tipp: Das Marketing-System lernen Sie am einfachsten, indem Sie Unternehmen aus ihrem Umfeld nehmen und sich überlegen, welches Marketing sie machen. Sie nehmen zum Beispiel den Marketing-Mix, von dem hier im Buch viel die Rede ist, und wenden ihn auf ein Unternehmen an, das Sie kennen. So erkennt man schnell, wie Marketing funktioniert.

Denn: Die Welt ist voller Marketing!

Inhaltsübersicht

Inhaltsverzeichnis

Schritt 1:

Grundbegriffe des Marketings

Lernhinweise

Was erwartet mich in diesem Kapitel?

In diesem Kapitel lernt man, was Marketing bedeutet, welche verschiedenen Arten des Marketings es heute gibt, wie Unternehmensführung allgemein funktioniert und was das für das Marketing bedeutet. Außerdem wird der Marketing-Mix erklärt.

Welche Schlagwörter lerne ich kennen?

■ Marketing ■ Absatzmarketing ■ Beschaffungsmarketing ■ Personalmarketing ■ Non-Profit-Marketing ■ De-Marketing ■ Selbstmarketing ■ Unternehmensführung ■ Marketing-Regelkreis ■ Marketing-Ziele ■ Marketing-Strategien ■ Marketing-Mix ■ Produkt- und Programmpolitik ■ Preis- und Konditionenpolitik ■ Distributionspolitik ■ Kommunikationspolitik

Wofür benötige ich dieses Wissen?

Dieses Wissen ist nötig, um die wichtigsten Begriffe wie Marketing, Ziele, Strategien und Marketing-Mix zu kennen und erklären zu können. In der wissenschaftlichen Theorie und der betrieblichen Praxis werden diese Begriffe häufig verwendet. Der Marketing-Mix ist die wichtigste Sortierung der Marketing-Instrumente, die es im Bereich des Marketings gibt.

1.1 Definition des Marketings

Der Begriff Marketing ist mit Sicherheit einer der am häufigsten genutzten Begriffe in der modernen Betriebswirtschaftslehre. Die Definitionen in den Marketing-Lehrbüchern unterscheiden sich nur wenig und können auf einfache Weise so zusammengefasst werden:

> **Marketing (enge Definition als Absatzmarketing)**
> Marketing ist alles das, was ein Unternehmen tut, damit der Kunde dessen Produkte kauft.

Wenn nur von Marketing die Rede ist, ist meist nur das soeben definierte **Absatzmarketing** gemeint. Der Kern des Marketings liegt also in der konsequenten Ausrichtung sämtlicher Aktivitäten eines Unternehmens an den Bedürfnissen des **Marktes**. Angesichts des intensiven Wettbewerbs, der heute auf fast allen Konsumgüter- und Investitionsgütermärkten herrscht, ist dies für Unternehmen zwingend notwendig. Ausführlicher gesagt, können unter dem Begriff Marketing alle Entscheidungen und Maßnahmen eines Unternehmens zusammengefasst werden, die einen Kunden, sei es einen Privatkunden, ein Unternehmen oder den Staat, direkt oder indirekt dazu bewegen sollen, Produkte vom marketingtreibenden Unternehmen zu erwerben.

Als **Produkte** wird dabei alles das bezeichnet, was ein Unternehmen herstellt. Dies können sein:

- Sachgüter *(z. B. Lebensmittel, Katzenfutter, Gebäude, Notebook, Hochgeschwindigkeitszug, Wasserkraftwerk)*
- *Dienstleistungen (z. B. Handwerkerleistungen, ärztliche Behandlungen, Massage, Steuerberatung, Rechtsberatung, Unternehmensberatung)*
- *Rechte (z. B. Übertragungsrechte der Fußball-Bundesliga, Urheberrechte an Büchern und Musik, Patentrecht für einen neuen Impfstoff, Markenschutz für ein Unternehmenslogo).*

Die absatzwirtschaftliche Definition des Marketings hat in den letzten Jahrzehnten eine Erweiterung erfahren, weil nicht mehr nur Unternehmen Marketing betreiben und weil auch andere Handlungen als der Kauf von Produkten durch Marketing erreicht werden sollen. Die folgende weite Definition des Marketings trägt dem Rechnung:

> **Marketing (weite Definition)**
> Marketing ist alles das, was jemand tut, damit jemand anderes etwas tut.

Mit dieser Definition lässt sich der Begriff des Marketings in weiteren Kontexten nutzen:

- Beim **Beschaffungsmarketing** geht es um die Entscheidungen und Maßnahmen eines Unternehmens, die einen begehrten Lieferanten dazu bewegen sollen, an das Unternehmen und vielleicht nicht an andere zu liefern. (*z. B. durch Pflege des Kontakts zum Lieferanten und Teilnahme an Beschaffungsmessen*)
- Das **Personalmarketing** umfasst alle Entscheidungen und Maßnahmen eines Unternehmens, die dazu dienen, gute neue Mitarbeiter zu gewinnen. *(z. B. durch Teilnahme an Ausbildungsmessen, Plakatwerbung an Hochschulen, Angebot von Praktika, Casting-Tage von Unternehmen, Youtube-Videos über die Aufgaben für Mitarbeiter, Karriere-Homepages von Unternehmen mit Stellenangeboten und Online-Bewerbungsmöglichkeiten)*
- Das **B-to-B-Marketing** (Business-to-Business-Marketing) ist das Marketing von Unternehmen gegenüber anderen Organisationen wie Herstellern, Handelsunternehmen und öffentliche Institutionen. Es handelt sich also um eine besondere Form des Absatzmarketings. Das Kaufverhalten von Organisationen unterscheidet sich stark vom Kaufverhalten der Konsumenten. *(z. B. bei einem Elektronikkonzern, der Hochgeschwindigkeitszüge an Bahnunternehmen und Turbinen an Elektrizitätsgesellschaften verkauft)*
- Nicht gewinnorientierte Institutionen wie Behörden und Nichtregierungsorganisationen betreiben **Non-Profit-Marketing**, um Bürger oder Unternehmen zu einem bestimmten Handeln zu bringen. (*z. B. beim Deutschen Roten Kreuz, das Bürger mit Plakatwerbung und Blutspendebussen auf öffentlichen Plätzen zur Blutspende animieren möchte, oder bei der Bundeszentrale für gesundheitliche Aufklärung, die durch Plakat- und Kinowerbung sowie die Verteilung von Kondomen für deren Nutzung zwecks AIDS-Prävention werben möchte*)
- Beim **De-Marketing** dienen die Entscheidungen und Maßnahmen dazu, dass jemand anderes etwas unterlassen soll. De-Marketing-Maßnahmen sind oft Teil eines Non-Profit-Marketings. (*wenn z. B. Plakate der Deutschen Verkehrswacht oder schockierende Youtube-Videos dazu bewegen sollen, dass Autofahrer auf der Autobahn nicht rasen oder während der Autofahrt nicht auf das Smartphone schauen)*
- Auch der Begriff des **Selbstmarketings** lässt sich in diese abstrakte Formel einbauen: Hier sind es dann Entscheidungen und Maßnahmen, die eine Privatperson trifft, damit jemand anderes wie gewünscht handelt. (*damit z. B. ein Unternehmen den Bewerber als Mitarbeiter einstellt oder eine andere Person beim Abendessen Sympathie für jemanden empfindet, damit man als Mietinteressent den Zuschlag für die begehrte Mietwohnung bekommt)*

Wenn im Folgenden von Marketing die Rede ist, ist das Marketing in der engen Definition, also als Absatzmarketing, gemeint.

1.2 Doppelfunktion des Marketings

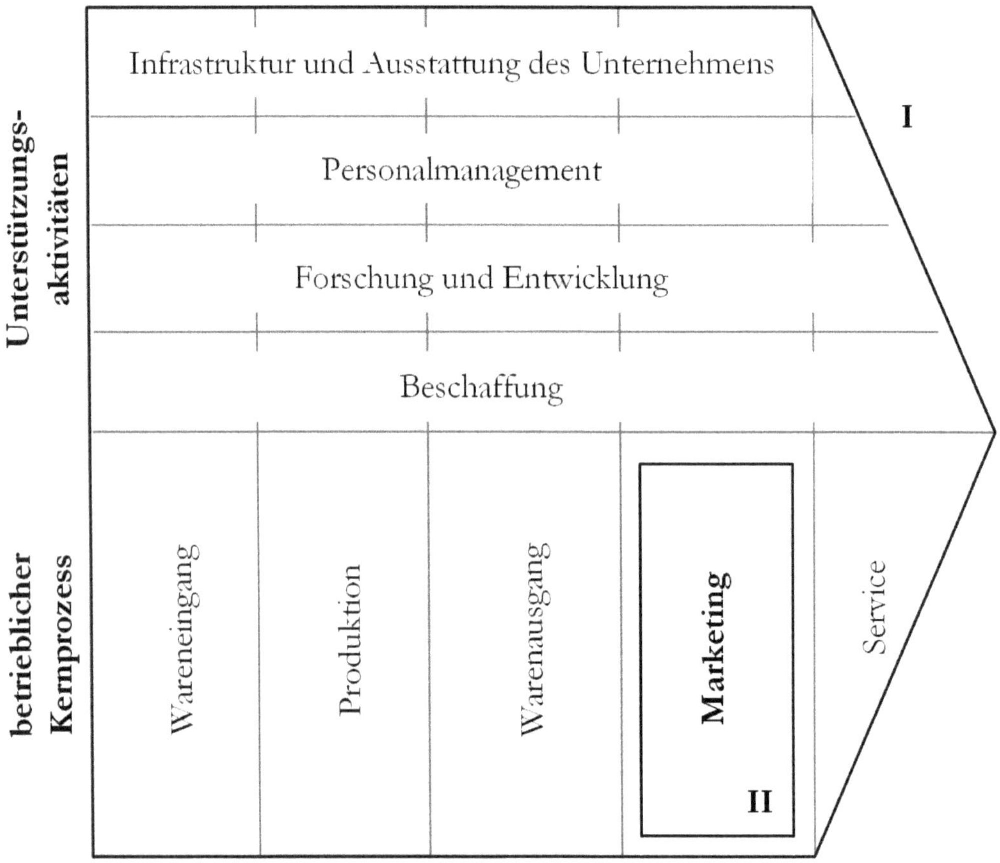

Abb. 1: Doppelfunktion des Marketings

Das moderne Marketing hat in Unternehmen eine Doppelfunktion zu übernehmen, die sich in zwei Aufgaben äußert:

- Marketing als Leitkonzept der Unternehmensführung
- Marketing als Unternehmensfunktion

Unter dem **Marketing als Leitkonzept der Unternehmensführung** versteht man die Grundhaltung, dass sämtliche Unternehmensaktivitäten konsequent an den Anforderungen der Märkte und hier insbesondere der Kunden und der Wettbewerber auszurichten sind (Markierung I in Abb. 1).

Alle unternehmerischen wertschöpfenden Funktionen, wie sie im Wertschöpfungsmodell in der Abbildung gegliedert sind, sollen ihre Funktionserfüllung unter der **Maxime der Kundenorientierung** ausüben und so handeln, dass es den Verkauf der Sachgüter und Dienstleistungen ermöglicht und befördert.

Handelsunternehmen z. B. richten auch ihre Infrastruktur (Filialarchitektur, Ladengestaltung, Parkplätze) an den Bedürfnissen der Kunden aus. Herstellende Unternehmen gestalten die Produktionsprozesse derart, dass sich daraus später weitere Verkaufsargumente (z. B. umweltschonende Produktion) ergeben. Der Kundenservice, der nach dem Kauf der Produkte geleistet wird, wird als Argument bereits vor dem Kauf eingesetzt. Die Mitarbeiter werden auch im Hinblick darauf ausgesucht, welche Bedürfnisse die Kunden haben.

Angesichts dieses Dominanzanspruchs steht Marketing nicht selten im Konflikt zu anderen betrieblichen Funktionen (Beschaffung, Produktion, Finanzen, Personal, Forschung und Entwicklung).

Die Marketingabteilung z. B. fordert im Regelfall zahlreiche Produktvarianten, wohingegen die Produktionsabteilung aus Gründen der Komplexitätsreduktion wenige Varianten bevorzugt. Das Marketing zielt typischerweise auf einen möglichst hohen Marktanteil, die Finanzabteilung hingegen auf einen möglichst hohen Gewinn. Während die Marketingabteilung von der Forschungs- und Entwicklungsabteilung kurze Entwicklungszyklen fordert, setzt sich jene für lange Entwicklungszeiträume ein.

Außerdem dürfen der Dominanzanspruch des Marketings und damit die Fokussierung des Unternehmens auf den Kunden nicht darüber hinwegtäuschen, dass der Erfolg eines Unternehmens noch von anderen Faktoren beeinflusst wird *(z. B. herausragende Stärken in der Beschaffung, der Forschung und Entwicklung, der Logistik oder der Finanzierung).*

Das **Marketing als Unternehmensfunktion** hingegen betrifft die konkrete Ausgestaltung der Absatzfunktion und entspricht damit weitgehend dem Einsatz von absatzwirtschaftlichen Instrumenten, wie sie das Operative Marketing im **Marketing-Mix** kennt (Markierung II in Abb. 1).

In dieser **Doppelfunktion des Marketings** und damit dem Wandel von einer funktionsorientierten zu einer unternehmensbezogenen Denkhaltung ist der entscheidende Unterschied zur „klassischen" Absatzwirtschaft zu sehen. Sie verstand sich lediglich als eine betriebliche Funktion „am Ende des Fließbandes", die in der Verwertung von Sach- und Dienstleitungen auf den Märkten besteht und Unternehmensfunktionen wie z. B. Beschaffung, Produktion, Finanzierung unter- oder gleichgeordnet ist.

1.3 Unternehmensführung

Die folgende Abbildung zeigt eine idealtypische Sichtweise von Unternehmensführung, den so genannten Regelkreis der Unternehmensführung.

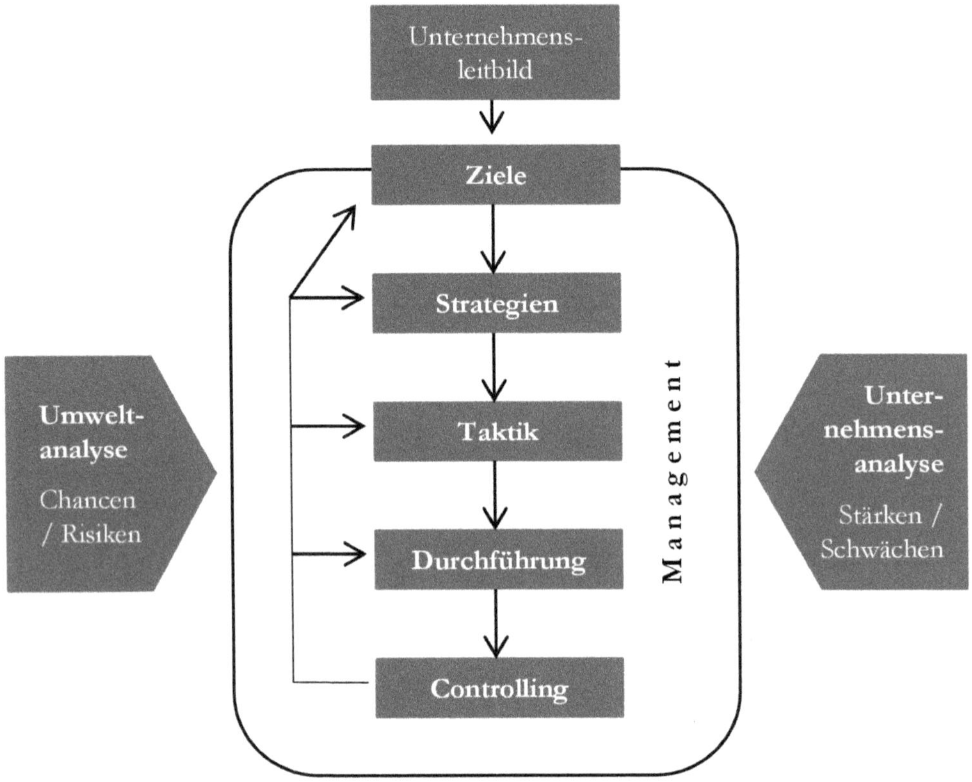

Abb. 2: Regelkreis der Unternehmensführung

Am Beginn einer rationalen Unternehmensführung müssen die **Ziele** des Unternehmens stehen. Die Ziele leiten sich aus dem **Unternehmensleitbild** ab, einer abstrakten Handlungsmaxime des Unternehmens, die meist von den Gründern, den Eigentümern und der Unternehmensgeschichte geprägt ist.

Nach Definition der Ziele und mit Blick darauf muss das Unternehmen die **Strategien** festlegen. Das bedeutet einen wenig konkreten, langfristig orientierten Aufbau von Potenzialen, die durch die **Taktik** im nächsten Schritt ausgeschöpft werden sollen.

Die amerikanische Literatur versteht es, den Unterschied zwischen Strategie und Taktik auf den Punkt zu bringen:

- Strategie ist, „die richtigen Dinge zu tun".
- Taktik ist, „die Dinge richtig zu tun".

Nur wenn die „richtigen Dinge" „richtig" getan werden, kann das Ziel erreicht werden. Die gedankliche und praktische Unterscheidung von Strategie und Taktik in der Unternehmensführung ist für die Erreichung der Ziele von grundlegender Bedeutung.

Die praktische **Durchführung** der auf diese Weise systematisch beschlossenen Maßnahmen wird auch als Operationalisierung bezeichnet.

Darauf folgt das **Controlling**, das zwei Aufgaben hat:

- Zum einen soll es durch einen **Soll-Ist-Vergleich** im Nachhinein überprüfen, inwiefern es zu Abweichungen zwischen dem Gewünschten (Soll, Ziele) und dem Erreichten (Ist) gekommen ist.
- Zum anderen übernimmt das Controlling **Steuerungs- und Planungsaufgaben**, indem die Maßnahmen und Entscheidungen der Operationalisierung, der Taktik und der Strategie mit Blick auf die Ursachenanalyse kontinuierlich justiert werden. Dies geschieht üblicherweise in umgekehrter Reihenfolge: Zunächst wird das Unternehmen versuchen, durch Änderungen bei der Operationalisierung die Soll-Ist-Abweichungen zu verringern. Bleibt dies ohne Erfolg, wird es taktische Veränderungen vornehmen. Sollten auch diese nicht in gewünschtem Maße wirken, werden – in unregelmäßigen Zyklen – auch die Strategien des Unternehmens angepasst. Selbst die Ziele können Gegenstand einer Veränderung sein. Das Controlling ist also jener Teil der Unternehmensführung, der für den Kreislaufcharakter von Unternehmensführung sorgt.

Dieser Regelkreis der Unternehmensführung wird vollständig durch zwei Analysefelder, die sich mit den Stärken und Schwächen des Unternehmens selbst (**Unternehmensanalyse**) sowie mit den Chancen und Risiken der Unternehmensumwelt (**Umweltanalyse**) auseinandersetzen.

1.4 Marketing in der Unternehmensführung

Der idealtypische Aufbau der Marketing-Konzeption in einem Unternehmen entspricht der Anwendung der idealtypischen Unternehmensführung mit Bezug auf das Marketing. Das Marketing wird also in den Regelkreis der Unternehmensführung integriert, so dass auch von einem **Marketing-Regelkreis** gesprochen werden kann.

Vereinfacht ausgedrückt geben

- Marketing-Ziele den Wunschort (Wohin?)
- das Strategische Marketing die Route (Wie?)
- die Marktforschung die Landkarte und Stadtpläne und
- der Marketing-Mix das jeweilige Beförderungsmittel (Womit?) vor.

Am Anfang stehen die **Marketing-Ziele** als angestrebte Sollzustände in der Zukunft, die mittels Marketing erreicht werden sollen. Dies können **quantitative Zielgrößen** wie Umsatz, Deckungsbeitrag, Marktanteil oder Zahl der Neukunden sein, aber auch **nicht-quantitative psychographische**, d. h. mit der Psyche der

Kunden zusammenhängende Zielgrößen wie Bekanntheit, Image, Kundenzufriedenheit und Kundenbindung.

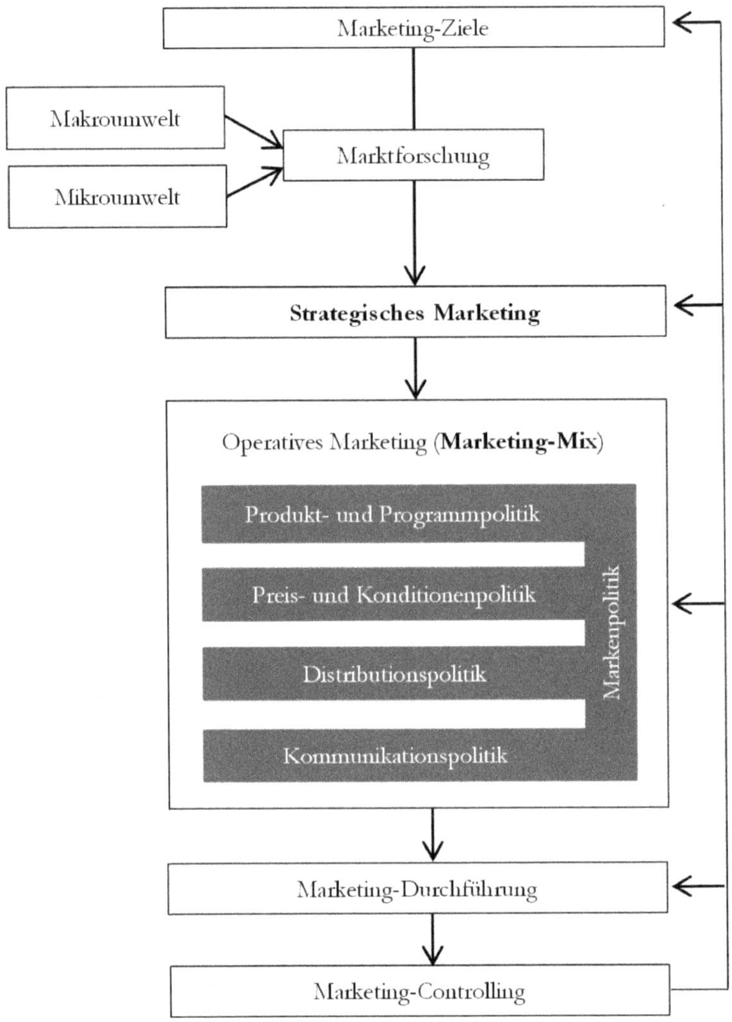

Abb. 3: Marketing-Regelkreis

Abgeleitet von den festgelegten Marketing-Zielen, die auch Teil des gesamten Zielkatalogs eines Unternehmens sind, wird im **Strategischen Marketing** festgelegt, mithilfe welcher Potenziale das Unternehmen die Ziele erreichen möchte.

- Mithilfe der **Differenzierungsstrategie** möchte das Unternehmen Wettbewerbsvorteile erlangen, indem es vom Kunden aufgrund bestimmter Produkt-, Marken- oder Unternehmenseigenschaften als einzigartig wahrgenommen wird.
- Mithilfe der **Kostenführerschaftsstrategie** möchte das Unternehmen auf den Märkten einen Preisvorteil als Wettbewerbsvorteil erreichen.

Um die Frage beantworten zu können, mit welchen Strategien die gewünschten Ziele erreicht werden können, braucht es die **Marktforschung**. Sie hat die Aufgabe, das Kaufverhalten von Privatpersonen, Unternehmen und anderen Institutionen zu analysieren und die Umweltbedingungen in Makro- und Mikroumwelt zu erforschen, die das Unternehmen beeinflussen.

Die konkrete Umsetzung der Marketing-Strategien wird im **Operativen Marketing** geplant und umgesetzt. Hierzu gehören alle Instrumente, die zum Zwecke des Marketings von Unternehmen eingesetzt werden können und in ihrer „Mischung" als **Marketing-Mix** bezeichnet werden. Die Einteilung, die in Wissenschaft und Praxis am häufigsten verwendet wird, ist die Struktur der „vier P's", die der amerikanische Betriebswirt McCarthy formuliert hat:

- Die **Produkt- und Programmpolitik** (product) umfasst alle Entscheidungen, welche die Gestaltung des Leistungsprogramms eines Unternehmens betreffen. In diesen Bereich fallen z.B. die Analyse, Planung und Umsetzung von Produktveränderungen und Serviceleistungen, die Forschung und Entwicklung neuer Produkte, die Produktvariation und Produktdifferenzierung, die Verpackungsgestaltung, die Gestaltung flankierender Serviceleistungen sowie die Zusammenfassung der Produkte zu einem Produktprogramm mit teilweise einheitlichen Merkmalen.
- Im Rahmen der **Preis- und Konditionenpolitik** (price) werden alle Bedingungen festgelegt, die dazu dienen, die (monetären) Gegenleistungen der Käufer für die von einem Unternehmen angebotenen Produkte und Dienstleistungen zu gestalten und durchzusetzen. Zur Preispolitik gehören die Festlegung der Preise, Entscheidungen über Preisstrategien und Preisdifferenzierungen. Zur Konditionenpolitik zählen sämtliche Vereinbarungen, die neben dem Preis im Vertrag über das Leistungsangebot festgehalten werden. Im Wesentlichen sind das Rabatte, Boni und Skonti, Liefer- und Zahlungsbedingungen sowie Kredit- und Leasingvereinbarungen.
- Bei der **Distributionspolitik** (place) geht es um die Gestaltung der akquisitorischen und der physischen Distribution, bei der entschieden wird, auf welchem Wege der Kunde rechtlich und tatsächlich an das Produkt gelangen soll. Zentral sind die Fragen, welche Distributionsorgane für den Vertrieb der Sachgüter und Dienstleistungen eingesetzt werden, welche und wie viele Absatzwege genutzt werden und welches der optimale externe und interne Standort ist.
- Die **Kommunikationspolitik** (promotion) umfasst alle Maßnahmen, die der Kommunikation zwischen dem Unternehmen und seinen aktuellen und potenziellen Kunden, aktuellen und potenziellen Mitarbeitern, Lieferanten, Investoren, Anwohnern und anderen Bezugsgruppen (sog. Stake-Holders) dienen. Zu diesem Zweck werden die klassischen Instrumente Werbung, Verkaufsförde-

rung und Öffentlichkeitsarbeit, aber auch innovative Instrumente, die von Sponsoring und Product-Placement über Direktmarketing bis hin zu Viralem Marketing und Ambush-Marketing reichen, eingesetzt.

- Neben den 4 P's wird häufig heute noch ein weiterer Bereich, die **Markenpolitik** (Branding) abgetrennt, der Instrumente aus allen vier Bereichen enthält und deswegen als Querschnittsbereich gesehen werden kann. Die Markenpolitik beschäftigt sich mit der Gestaltung von Marken.

In den letzten Jahrzehnten wurden neben den klassischen vier Instrumentenbereichen noch weitere P-Felder formuliert, die sich jedoch in Theorie und Praxis (mit Ausnahme von People (Personal) im Dienstleistungssektor) kaum etablieren konnten, sondern stattdessen in die vorhandenen Felder eingeordnet werden. Hierzu zählen:

- Packaging (Verpackung)
- Physics (Unternehmensidentität)
- Physical Evidence (Ladengestaltung)
- Politics (Einflussnahme von Unternehmen auf die Politik durch Lobbyismus)
- Position (Positionierung des Unternehmens und seiner Leistungen)
- Processes (Prozessmanagement)
- Public Voice (Kommunikation in Blogs, Communities und über Multiplikatoren)

Der letzte Schritt in der Marketing-Konzeption nach der Durchführung von Marketing-Maßnahmen ist das **Marketing-Controlling**, das dieselben Aufgaben wie das Controlling in der Unternehmensführung hat und den Kreislauf der Marketing-Konzeption schließt, indem es die Formulierung der Marketing-Ziele, des Strategischen Marketings und des Operativen Marketings beeinflusst.

Der verschärfte Wettbewerb, ein sich veränderndes Konsumentenverhalten und der technologische Fortschritt stellen den Erfolg eines Unternehmens und damit die Marketingleistungen des Managements in immer kürzer werdenden Zyklen auf den Prüfstand. Dazu braucht es ein funktionierendes Marketing-Controlling.

1.5 Fragen

Das Marketing-Controlling sorgt für den Kreislaufcharakter des Marketing-Regelkreises.

☐ richtig ☐ falsch

Das Strategische Marketing wird auch Marketing-Mix genannt.

☐ richtig ☐ falsch

De-Marketing sind alle Marketingmaßnahmen, die für den Standort Deutschland werben.

☐ richtig ☐ falsch

Der Marketing-Mix besteht aus drei Feldern.

☐ richtig ☐ falsch

Die Markenpolitik kann auch der Distributionspolitik zugeordnet werden.

☐ richtig ☐ falsch

Die Marketing-Strategien leiten sich von den Marketing-Zielen ab.

☐ richtig ☐ falsch

Marketing in der weiten Definition ist alles, was jemand tut, damit jemand anderes etwas tut.

☐ richtig ☐ falsch

Marketing kann als konsequente Ausrichtung aller Aktivitäten an den Bedürfnissen des Marktes beschrieben werden.

☐ richtig ☐ falsch

Marketing können auch Maßnahmen sein, die einen anderen dazu veranlassen sollen, etwas nicht zu tun.

☐ richtig ☐ falsch

Marketing meint heute nur die Unternehmensfunktion des Absatzes (Absatzwirtschaft).

☐ richtig ☐ falsch

Marketing richtet sich immer nur an Kunden.

☐ richtig ☐ falsch

Marketing-Ziele können nur quantitative Zielgrößen sein.

☐ richtig ☐ falsch

Non-Profit-Organisationen betreiben nie Marketing.

☐ richtig ☐ falsch

Produkte sind ausschließlich Sachgüter und Rechte.

☐ richtig ☐ falsch

Strategisches Marketing bedeutet zu entscheiden, mithilfe welcher Potenziale das Unternehmen seine Marketing-Ziele erreichen möchte.

☐ richtig ☐ falsch

1.6 Prüfungstipps

Welchen Prüfungstipp kann ich aus diesem Abschnitt ziehen?

In Prüfungen wird häufig gefordert, ■ das Marketing allgemein zu definieren und Unterarten zu benennen ■ konkrete Beispiele für die Unterarten des Marketings zu nennen ■ den Unternehmensregelkreis oder den Marketing-Regelkreis grafisch darzustellen ■ die Systematik des Marketing-Mixes zu erläutern.

Schritt 2:

Marktforschung

Lernhinweise

Was erwartet mich in diesem Kapitel?

In diesem Kapitel geht es darum, wie Unternehmen mithilfe der Marktforschung etwas über solche Faktoren herausfinden, die es beeinflussen. Dazu werden die Unterschiede zwischen Mikro- und Makroumwelt deutlich gemacht. Außerdem wird erläutert, wie Marktsegmentierung funktioniert.

Welche Schlagwörter lerne ich kennen?

■ Marktforschung ■ Primärforschung ■ Sekundärforschung ■ Befragung ■ Beobachtung ■ Experiment ■ Meta-Analyse ■ Umweltanalyse ■ Makroumwelt ■ Mikroumwelt ■ Marktsegmentierung

Wofür benötige ich dieses Wissen?

Grundlagen für das Strategische und das Operative Marketing ist das Wissen über die Methoden der Marktforschung und deren Anwendung. Um einen Überblick über die vielen Umweltfaktoren zu erlangen, müssen die Faktoren systematisiert werden.

2.1 Primär- und Sekundärforschung

Marktforschung
Unter dem Begriff Marktforschung werden alle unternehmerischen Aktivitäten zusammengefasst, die dazu dienen, Informationen über alle marketingrelevanten Bereiche des Unternehmens sowie der Unternehmensumwelt zu gewinnen und aufzubereiten.

Die Ergebnisse der Marktforschung helfen, die bisherigen Marketing-Maßnahmen in ihrem Erfolg zu bewerten, und sollten die Grundlage für zukünftige Marketing-Maßnahmen bilden. Zwei Arten der Marktforschung können unterschieden werden. Auch alle Wissenschaften arbeiten mit diesen beiden Forschungsansätzen:

- **Primärforschung** ist die Gewinnung von Wissen durch eigene Erhebung von Informationen.
- **Sekundärforschung** ist die Gewinnung von Wissen durch Übernahme oder Auswertung bereits vorhandener Informationsquellen.

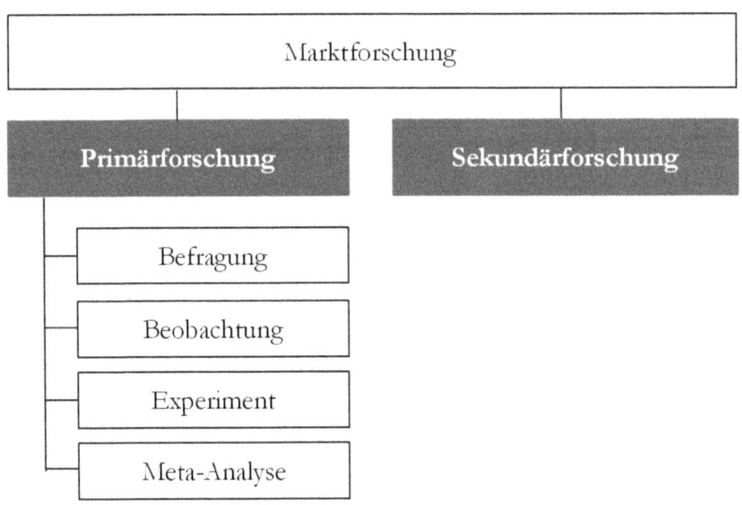

Abb. 4: Marktforschung im Überblick

Bei der **Primärforschung** ermittelt ein Unternehmen eigene Informationen. Es gibt vier Methoden der Primärforschung:

- Bei der **Befragung** werden Informationen von und über Untersuchungsobjekte mithilfe eines Fragebogens oder eines Interviews erlangt. Befragt werden können in Abhängigkeit von der Themenstellung Kunden, Lieferanten, Mitarbeiter (jeweils aktuelle, ehemalige und potenzielle), Anwohner, Experten, aber auch die allgemeine Öffentlichkeit. Die Befragung ist die am häufigsten eingesetzte Marktforschungsmethode und damit auch die häufigste Forschungsmethode in der Betriebswirtschaftslehre. *Marktforschungsinstitute erfragen z. B. regelmäßig das Kaufverhalten der Haushalte und Daten zu ihren Einkommensverhältnissen; Unternehmen erfragen in Kundenzufriedenheitsstudien, wie zufrieden die Kunden nach Nutzung des Sachgutes oder der Dienstleistung waren; Testkunden wenden Produkte in der Entwicklung an und sagen, was ihnen am Produkt gefallen hat und was nicht.*

- Bei der **Beobachtung** werden Informationen über das Verhalten von Untersuchungsobjekten, z. B. Kunden, Interessenten oder Mitarbeiter, aufgezeichnet. Ein Problem hierbei kann der Einfluss des Beobachtenden und die Wirkung auf den Beobachteten (sog. Interviewer-Bias) sein. *Einzelhandelsunternehmen beobachten z. B. in Kundenlaufstudien Kunden bei ihrem Gang durch das Einkaufsgeschäft; mittels Augenverfolgung (Eye-Tracking) kann beobachtet werden, welche Details der Kunde bei einer Werbeanzeige oder einem Supermarktregal in welcher Reihenfolge betrachtet; Unternehmen zeichnen Kundengespräche auf, um im Nachhinein die Interaktion zwischen Vertriebsmitarbeiter und Kunden analysieren zu können.*
- In einem **Experiment** wird eine Einflussgröße auf die Gegebenheiten mit Absicht verändert und so eine veränderte Situation geschaffen, um die Reaktion der Untersuchungsobjekte analysieren zu können. *Mittels einer Blindverkostung z. B. erforschen Lebensmittelproduzenten das Geschmacksverhalten der Konsumenten; im Magnetresonanztomographen wird die Reaktion von Probanden auf Preisangaben und Rabatte erforscht; Bekleidungshändler probieren in einem Testmarkt ein neues Ladendesign, bevor sie es in allen Filialen einführen.* Das Experiment ist in der Betriebswirtschaftslehre eine seltene Form der Marktforschung, weil Laborsituationen in der Betriebswirtschaftslehre (im Gegensatz zu den Naturwissenschaften wie z. B. der Chemie) kaum realistische Szenarien abbilden können und in der Realität oft andere Einflussgrößen zu wichtig und die Folgen zu groß sind. *Preis-Absatz-Experimente z. B. könnten im Einzelhandel stattfinden, indem in der Realität Preissenkungen und Preiserhöhungen durchgeführt und die anschließenden Veränderungen beim Absatz gemessen werden. Probleme dabei sind, dass es in der Realität aber zahlreiche andere Einflussfaktoren auf den Absatz gibt, die nicht ausgeschaltet werden können und außerdem das Einzelhandelsunternehmen kein Interesse daran hat, den Kunden durch unnötige Preisveränderungen zu verwirren und Absatzverluste wegen der Preisveränderungen zu erleiden.*
- Von einer **Meta-Analyse** spricht man, wenn die Ergebnisse anderer Untersuchungen zusammengefasst und einer weiteren Analyse unterworfen werden, um neue allgemeingültige Zusammenhänge herauszufinden. Daher spricht man auch von einer „Analyse der Analysen". *Wissenschaftler haben z. B. den Einfluss des Herkunftslandes eines Produkts auf die wahrgenommene Qualität und Kaufbereitschaft von Kunden untersucht, indem sie 69 bereits vorhandene Untersuchungen aus verschiedenen Ländern, Zeiten und Branchen herangezo-*

gen haben. Die Erkenntnisse zur Rolle des Herkunftslandes wurden aus den Analysen extrahiert und ihrerseits zusammengefasst. So konnte herausgefunden werden, dass im Durchschnitt der 69 Untersuchungen rund 30 % der Qualitätswahrnehmung, aber nur rund 19 % der Kaufabsicht vom Herkunftsland des Produktes beeinflusst sind. Ergebnis dieser Meta-Analyse war also: Je näher die Kaufentscheidung rückt, desto unwichtiger wird das Herkunftsland.

Die **Sekundärforschung** ist die Aufbereitung und Analyse von bereits vorhandenen Daten aus internen und externen Quellen. Sie hat den Vorteil, dass sie im Vergleich zur Primärforschung kostengünstig und meist schnell verfügbar ist. Mit ihr kann das zu untersuchende Problem besser erfasst werden. Außerdem können Ergebnisse der Sekundärforschung für einen Vergleich mit den Ergebnissen der Primärforschung herangezogen werden.

Vorhandene Informationen müssen im Rahmen der Sekundärforschung anhand der Kriterien Nützlichkeit, Vollständigkeit, Aktualität, Zuverlässigkeit und Kosten-Nutzen-Verhältnis bewertet werden. Besonders nützlich sind heute statistische Datenbanken (wie z. B. Statista) und wissenschaftliche Datenbanken (wie z. B. Wiso), in denen der Nutzer schnell eine große Zahl von Statistiken, Marktinformationen und Artikel aus Fach- und Branchenzeitschriften finden kann. Die folgende Abbildung zeigt die wichtigsten Quellen der betriebswirtschaftlichen Sekundärforschung:

- Bücher
- Fachzeitschriften
- Lexika
- Gesetze und Rechtsprechung
- Statistiken
- Unternehmenseigene Publikationen
- Unternehmensinterne Dokumente
- Studien von Unternehmensberatungen
- Studien von Hochschulen
- Wissenschaftliche Datenbanken

Abb. 5: Quellen der Sekundärforschung

Wesentlicher Erkenntnisgegenstand der Marktforschung ist die Umwelt des Unternehmens. Über sie möchte die Marktforschung etwas herausfinden.

Umwelt
Als Umwelt (oder auch Unternehmenswelt) bezeichnet man in der Betriebswirtschaftslehre alles, was außerhalb des Unternehmens ist und einen Einfluss auf das Unternehmen hat.

Dieser Einfluss besteht darin, dass die Umwelt für das Unternehmen und sein Marketing **Chancen oder Risiken** bedeutet.

2.2 Umweltanalyse des Marketings

Um die Vielzahl der Umweltfaktoren, die das Unternehmen beeinflussen, zu sortieren, unterscheidet man:

- Makroumwelt
- Mikroumwelt

Der Unterschied zwischen Makro- und Mikroumwelt liegt in der Frage, ob das Unternehmen die Umweltbedingungen beeinflussen kann.

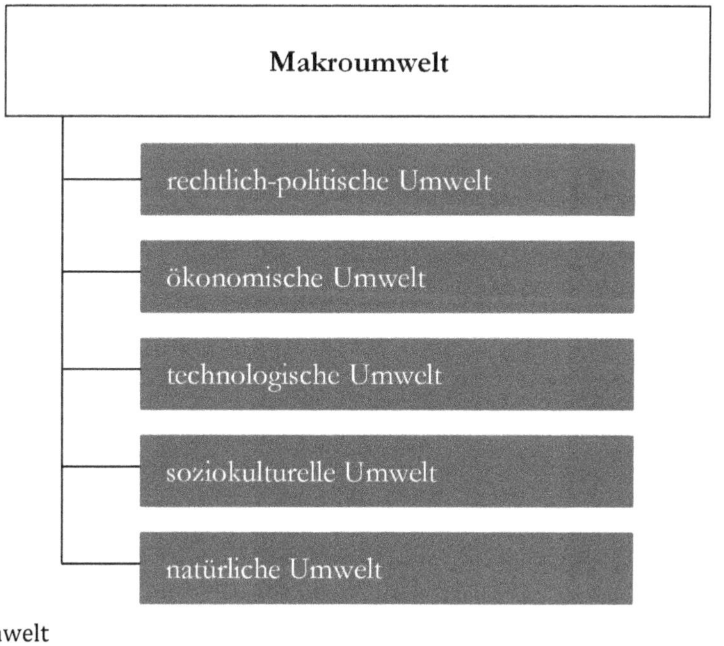

Abb. 6: Makroumwelt

Makroumwelt
Als Makroumwelt bezeichnet man alle Faktoren, die außerhalb des Unternehmens liegen und Einfluss auf das Unternehmen haben, die das Unternehmen umgekehrt aber selbst nicht beeinflussen kann.

Zur Makroumwelt gehören:

- die **rechtlich-politische Umwelt** wie Vertragsrecht, Arbeitsrecht, Steuer- und Abgabenrecht, Gewerberecht, Wettbewerbsrecht, Immobilienrecht, Umweltrecht, Verfassungsrecht, politische Stabilität, Staatsform, Justizsystem, Rechtssicherheit
- die **ökonomische Umwelt** wie z. B. Sozialprodukt, Wirtschaftswachstum, Arbeitslosigkeit, Inflation, Wechselkurse, Verkehrsinfrastruktur, Kommunikationsinfrastruktur, Versorgungsinfrastruktur
- die **technologische Umwelt** wie z. B. der Stand des technischen Fortschritts in der Volkswirtschaft, technische und organisatorische Innovationen
- die **soziokulturelle Umwelt** wie z. B. Bevölkerungsstruktur, Bildungsstand, Sprache, Brauchtum und Traditionen, Werte und Einstellungen, Gesundheitsbewusstsein, Umweltbewusstsein, Farbwahrnehmung, Religion und Spiritualität
- die **natürliche Umwelt** wie z. B. Wetter, Klima, Bodenqualität, Landschaft, Topographie.

Mikroumwelt
Als Mikroumwelt bezeichnet man alle Faktoren, die außerhalb des Unternehmens liegen und Einfluss auf das Unternehmen haben, die das Unternehmen umgekehrt aber auch beeinflussen kann.

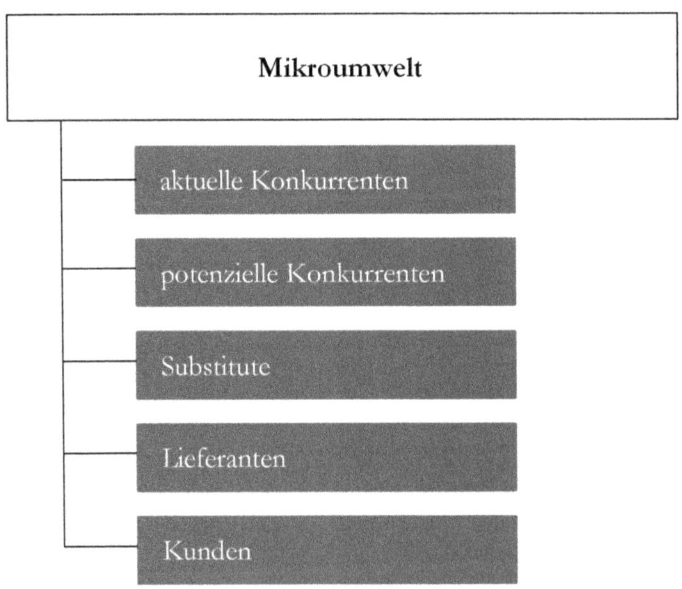

Abb. 7: Mikroumwelt

Das bekannteste Modell der Mikroumwelt ist die **Five-Forces-Analyse** (Branchenstrukturanalyse). Dabei werden fünf Kräfte unterschieden, die für das Unternehmen Chancen oder Risiken darstellen und den Markterfolg eines Unternehmens in der Mikroumwelt (Branche) beeinflussen können. Ebenso hat das Unternehmen aber auch Einfluss auf diese Kräfte, gehört also umgekehrt zur Mikroumwelt dieser Kräfte.

Zur Mikroumwelt gehören:

- die **aktuellen Konkurrenten**, die das Unternehmen am stärksten beeinflussen, weil es häufig auf das Konkurrenzverhalten reagieren muss. *(Ein Lebensmittelhändler z. B. beobachtet die ganze Zeit die anderen Lebensmittelhändler, ob sie neue Produkte verkaufen oder andere Produkte aus dem Angebot genommen haben, ob sie die Preise gesenkt oder erhöht haben und wo sie neue Filialen eröffnen.)*
- die **potenziellen neuen Konkurrenten**, die das Unternehmen durch den Markteintritt bedrohen und dann zu aktuellen Konkurrenten werden. *(Ein potenzieller neuer Konkurrent kann z. B. den Markterfolg eines Unternehmens schon beeinflussen, weil das Unternehmen den Markteintritt des neuen potenziellen Konkurrenten vermeiden möchte, indem es vorher die Preise senkt, sich Innovationen patentieren lässt oder ein Grundstück aufkauft, damit kein Konkurrent es als Standort nutzen kann.)*
- die **Substitute** als andersartige Produkte, die denselben oder einen höheren Kundennutzen haben. *(Für einen Brillenhersteller z. B. sind Substitute Kontaktlinsen und ambulante Laseroperationen zur Augenkorrektur. Für einen Hersteller von Musik-CDs oder für einen Radiosender sind Streaming-Musikdienste ein Substitut.)*
- die aktuellen und potenziellen **Lieferanten**, die das einkaufende Unternehmen dadurch bedrohen können, dass es von einem Lieferanten abhängig ist und der Verhandlungsmacht des Lieferanten nichts entgegensetzen kann
- die aktuellen und potenziellen **Kunden**, die das verkaufende Unternehmen durch Abhängigkeiten und Verhandlungsmacht bedrohen können.

Unternehmen müssen sich in der Marktforschung mit dem aktuellen Status und den tatsächlichen oder möglichen Veränderungen in der Makro- und der Mikroumwelt auseinandersetzen, um zu erkennen, ob hier Risiken für den Markterfolg drohen oder sich neue Chancen für Markterfolg auftun.

2.3 Marktsegmentierung

Marktsegmentierung
Der Begriff Marktsegmentierung bezeichnet die Sortierung einer großen heterogenen Kundengruppe in kleinere, in sich homogene Kundengruppen (**Kundensegmente**).

Die Marktsegmentierung macht es möglich, eine möglichst große Übereinstimmung zwischen dem Bedarf des Kundensegments und dem Leistungsangebot des Unternehmens herzustellen.

Es können verschiedenen Arten der Marktsegmentierung unterschieden werden:

- Bei der **geographischen Marktsegmentierung** werden geographische Merkmale herangezogen, um Kunden zu sortieren. So kann ein Unternehmen in seinem Marketing zwischen deutschen und französischen, zwischen norddeutschen und süddeutschen, zwischen Mainzer und Wiesbadener Kunden oder sogar zwischen Kunden aus verschiedenen Mainzer Stadtteilen unterscheiden. *(z.B. unterschiedliche Markennamen, Verpackungen und Beschriftungen in unterschiedlichen Ländern; unterschiedliche Preisen in unterschiedlichen Regionen; Werbeplakate, die auf die Stadt oder Region abgestimmt sind, in der geworben wird.)*
- Bei der **demographischen Marktsegmentierung** teilt das Unternehmen seine Kunden z. B. nach Geschlecht, Alter, Zahl der Kinder, Haushaltsgröße und Nationalität ein. *(z. B. Kosmetikprodukte speziell für Frauen und Männer; Packungsgrößen speziell für kleine oder große Haushalte; Lebensmittel speziell für nichteinheimische Zielgruppen)*
- Die **sozioökonomische Marktsegmentierung** unterscheidet Kunden nach sozioökonomischen Kriterien wie dem Einkommen, dem Bildungsstand, dem Beruf oder der Religion. *(z.B. Bankdienstleistungen speziell für Ärzte, Apotheker oder Beamte; Versicherungsdienstleistungen speziell für Akademiker; mehrere Marken für unterschiedliche Einkommensgruppen; Lebensmittelprodukte, die den jüdischen oder islamischen Vorschriften entsprechen)*
- Bei der **psychographischen Marktsegmentierung** versucht das Unternehmen, seine Kunden nach erkennbaren psychischen Kriterien einzuteilen, wie z. B. der Persönlichkeit, dem Lebensstil, den Werten und Einstellungen und der Produktwahrnehmung. *(z.B. Werbeanzeigen in Zeitschriften mit speziellem Publikum; Produkte speziell für Kunden mit großem Umweltbewusstsein, Gesundheitsbewusstsein oder Prestigeverlangen)*
- Die **verhaltensorientierte Marktsegmentierung** unterscheidet Kunden nach einem Verhaltenskriterium, z.B. nach ihrer Mobilität, ihren Nutzenerwartungen, ihrer Mediennutzung, ihrer Einkaufsstättenwahl und ihrer Markentreue. *(z. B. Werbeplakate zur Ansprache von Pendlern in Bahnhöfen; Werbeplakate zur Ansprache von Autofahrern an großen Ortseingangsstraßen)*
- Bei der Marktsegmentierung nach **Kundenwert** wird versucht, mit Blick auf bisherige und zukünftige Umsätze, den Einfluss auf andere Kunden etc. die Wichtigkeit und den Wert des Kunden für das Unternehmen abzuschätzen. *(z.B. Einteilung der Kunden nach Umsatz oder Umsatzpotenzial in A-, B- und C-Kunden und dann unterschiedliche Bearbeitung durch verschiedene Mitarbeiter, unterschiedliche Kontaktfrequenzen und unterschiedliche Werbemaßnahmen)*

Nach der Marktsegmentierung folgt eine Marktbearbeitung durch ein entsprechendes Marketing, das möglichst gut den Bedürfnissen des jeweiligen Kundensegments entsprechen soll:

- **Undifferenziertes Marketing** betreiben Unternehmen, die gar keine Marktsegmentierung vornehmen und deshalb einen einheitlichen Marketing-Mix für alle Kunden anbieten. Das gibt es heute nur noch selten.
- **Differenziertes Marketing** bedeutet, dass speziell für einzelne Kundensegmente ein spezielles Marketing gemacht wird. Ein differenziertes Marketing kann sich allen Bereichen des Marketing-Mixes zeigen.

  Beispiele sind:

  - *ein Markenhersteller, der seine Marke in Deutschland anders als in Frankreich nennt und jeweils die heimische Sprache auf der Verpackung benutzt*
  - *ein Handelsunternehmen, das in Norddeutschland ein anderes Sortiment als in Süddeutschland einsetzt*
  - *eine Kölsch-Brauerei, die in verschiedenen Kölner Stadtteilen unterschiedliche, lokal bezogene Werbeplakate einsetzt*
  - *ein Lebensmittelhersteller, der Produkte speziell nach den traditionellen Riten für die Angehörigen einer Religion herstellt*
  - *ein Luxusmarkenhersteller, der Anzeigen in einem Yacht-Magazin schaltet, um besonders einkommensstarke Kunden anzusprechen*
  - *ein Unternehmen, das mit einer Werbekampagne an Bahnhöfen speziell Kunden ansprechen möchten, die Bahn fahren und viel unterwegs sind*
  - *ein Unternehmen, das den Kunden mit hohem Kundenwert ein besonderes Weihnachtspräsent zukommen lässt, während die Kunden mit geringerem Kundenwert kein Geschenk erhalten.*

  Die Marktsegmentierung kann auch dazu dienen, die Vertriebsaktivitäten auf die attraktiven Kunden hin zu fokussieren und die Mittel für Vergünstigungen, Werbemaßnahmen und Abwanderungsprävention gezielt für solche Kunden einzusetzen.

- **Konzentriertes Marketing** bedeutet, dass sich das Unternehmen speziell auf ein Kundensegment spezialisiert.

  Beispiele sind:

  - *ein Metallbauunternehmen, das sich auf das Segment der Fahrzeugumbauten für Krankenwagen und Feuerwehreinsatzfahrzeuge konzentriert und in keinem anderen Segment mehr tätig ist*
  - *ein Bekleidungs- und Schuhhersteller, der sich auf die Skateboard-Community als Kundenzielgruppe konzentriert und kein anderes Segment mehr bedient.*

Die Segmentierung der Kunden kann sich auch auf die Organisation des Unternehmens auswirken. So ist es möglich, dass die Verkaufsabteilungen und die Außendienstmitarbeiter ihre Arbeitsbereiche entsprechend der Segmentierung erhalten.

Ein Außendienstmitarbeiter bei einem Maschinenbauunternehmen betreut z.B. die gewerblichen Kunden in Deutschland, ein anderer jene in Frankreich. Oder einige Mitarbeiter der Verkaufsabteilung betreuen die Kunden mit höherem Einkommen, während andere Mitarbeiter die übrigen Kunden bearbeiten.

2.4 Fragen

Als Makroumwelt bezeichnet man jene Umweltbedingungen eines Unternehmens, die vom Unternehmen gut beeinflusst werden können.

☐ richtig ☐ falsch

Bei einer Meta-Analyse werden Informationen über das Verhalten von Untersuchungsobjekten aufgezeichnet.

☐ richtig ☐ falsch

Das Branchenstrukturmodell unterscheidet vier Kräfte, die den Markterfolg eines Unternehmens gefährden können.

☐ richtig ☐ falsch

Der demographische Wandel gehört zur sozialen Makroumwelt eines Unternehmens.

☐ richtig ☐ falsch

Die Befragung ist eine seltene Form der Marktforschung in der Betriebswirtschaftslehre.

☐ richtig ☐ falsch

Die Umweltanalyse soll Stärken und Schwächen des Unternehmens identifizieren.

☐ richtig ☐ falsch

Differenzierte Marktbearbeitung bedeutet, dass ein Unternehmen mit seinem Marketing nur ein einzelnes Marktsegment bearbeitet.

☐ richtig ☐ falsch

Kunden und Lieferanten gehören zur Mikroumwelt des Unternehmens.

☐ richtig ☐ falsch

Marktsegmentierung ist die Voraussetzung für undifferenziertes Marketing.

☐ richtig ☐ falsch

Marktsegmentierung kann auch den organisatorischen Aufbau eines Unternehmens beeinflussen.

☐ richtig ☐ falsch

Nur aktuelle, nicht potenzielle Konkurrenten gehören zur Mikroumwelt des Unternehmens.

☐ richtig ☐ falsch

Primärforschung ist die Gewinnung von Wissen durch eigene Erhebung von Informationen.

☐ richtig ☐ falsch

Wechselkurse, Leitzinsen und Inflationsrate gehören zur Mikroumwelt des Marketings.

☐ richtig ☐ falsch

Ziel der Marktsegmentierung ist es, möglichst heterogene Kundengruppen zu bilden.

☐ richtig ☐ falsch

Zur ökonomischen Makroumwelt eines Unternehmens gehören auch die Lieferanten und Kunden.

☐ richtig ☐ falsch

2.5 Prüfungstipps

Welchen Prüfungstipp kann ich aus diesem Abschnitt ziehen?

In Prüfungen wird häufig gefordert, ■ die Methoden der Marktforschung zu benennen und zu erläutern ■ die Faktoren der Makroumwelt und die Mikroumwelt darzustellen und Beispiele für die einzelnen Bereiche zu nennen ■ Faktoren der Mikro- oder Makroumwelt zuzuordnen ■ das S-O-R-Modell zu erklären ■ Marktsegmentierung und mögliche Kriterien zu erklären.

Schritt 3: Konsumentenverhalten

Lernhinweise

Was erwartet mich in diesem Kapitel?

In diesem Kapitel geht es darum, welche Erkenntnisse die Betriebswirtschaftslehre über das Einkaufsverhalten von Konsumenten und Organisationen hat. Dabei wird auch erklärt, wie Kaufentscheidungsprozesse ablaufen und wie Kundenzufriedenheit und Kundenbindung entsteht.

Welche Schlagwörter lerne ich kennen?

■ S-O-R-Modell ■ extensiver, limitierter, habitueller und impulsiver Kaufentscheidungsprozess ■ B-to-B-Marketing ■ organisationelles Kaufverhalten ■ Erwartungen ■ Bedürfnis ■ Problem der Wahrnehmung ■ Kundenzufriedenheit ■ Beschwerde ■ Abwanderung ■ Abwechslungsneigung ■ Kundenbindung

Wofür benötige ich dieses Wissen?

Das Wissen um das Kaufverhalten der Kunden und die Entstehung von Kundenzufriedenheit und Kundenbindung ist die Grundlage für strategische und operative Marketing-Entscheidungen.

3.1 S-O-R-Modell

Eine besonders große Rolle in der Mikroumwelt spielt das Verhalten der Kunden. Die Wissenschaft vom **Konsumentenverhalten** beschäftigt sich mit allen Vorgängen beim Kunden vor dem Kauf, während des Kaufs und nach dem Kauf.

Kunden eines Unternehmens können sein:

- **Konsumenten**, die Güter zur Befriedigung ihrer Bedürfnisse kaufen
- **Unternehmen**, die Güter einkaufen, um sie als Produktionsfaktor im Produktionsprozess einzusetzen
- **Nicht-gewerbliche Organisationen** wie z. B. staatliche Behörden, Nichtregierungsorganisationen, Verbände, Vereine, Parteien, Kirchen, die Güter einkaufen, um ihre Ziele zu verwirklichen.

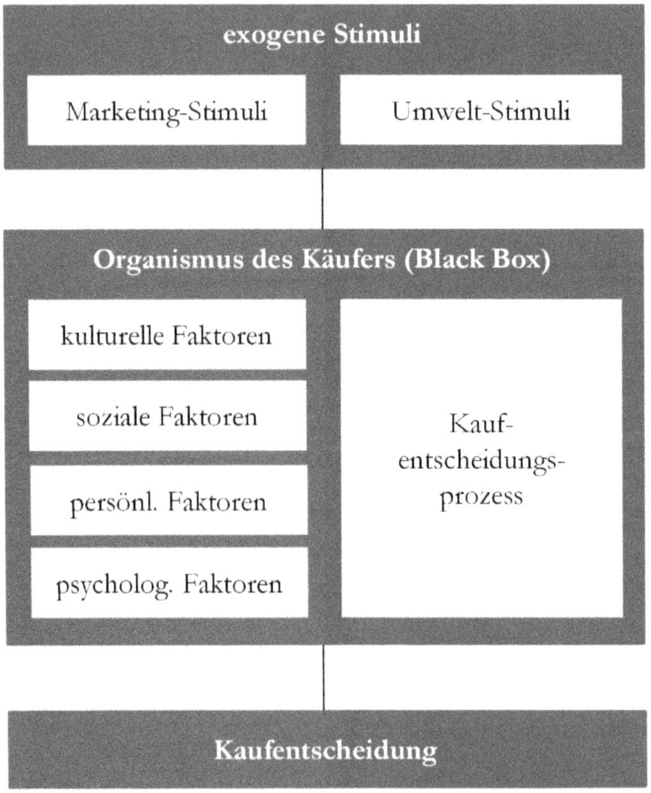

Abb. 8: S-O-R-Modell

Weil es sich um Organisationen als Abnehmer handelt, spricht man bei Unternehmen und nicht-gewerblichen Organisationen von **organisationeller Beschaffung**.

Das bekannteste Modell des Konsumentenverhaltens ist das Stimuli-Organismus-Reaktion-Modell (S-O-R-Modell).

Das Modell geht davon aus, dass auf den Konsumenten viele verschiedene Stimuli einwirken. Sie können unterschieden werden in:

- **Marketing-Stimuli**, die das Unternehmen durch seine Marketing-Politik setzt und der Kunde wahrnimmt (z. B. Produkteigenschaften, Verpackungsgestaltung, Produktinnovationen, Preise, Rabatte, Finanzierungsmöglichkeiten, Vertriebswege, Werbung, Sponsoring, Öffentlichkeitsarbeit)
- **Umwelt-Stimuli**, die aus der Umwelt auf die Kaufentscheidung des Kunden wirken (z. B. Trends und Modeerscheinungen, Konjunkturlage und Arbeitsplatzsicherheit, Wetterbedingungen, rechtliche Regelungen).

Diese Stimuli treffen auf den **Organismus** des Käufers und werden dort verarbeitet. Weil man zwar die einwirkenden Stimuli auf den Käufer und später die Ergebnisse des Verarbeitungsprozesses in Form von Kaufentscheidungen sehen kann, der Verarbeitungsprozess selbst aber im Inneren des Käufers stattfindet und nicht sichtbar ist, spricht man auch von der **Black Box** des Käufers.

Vom jeweiligen Kunden abhängig und auf die Kaufentscheidung in der Black Box des Kunden einwirkend, sind folgende Aspekte:

- **kulturelle Faktoren** wie Religiosität, Spiritualität, Tradition und Brauchtum *(wenn z. B. die Religion es einem Konsument verbietet, bestimmtes Fleisch zu essen, oder es eine Tradition ist, an einem bestimmten Feiertag einen bestimmten Kuchen zu backen)*
- **soziale Faktoren** wie Zugehörigkeit zu einer sozialen Schicht, Beruf, Familiensituation und Haushaltsgröße *(wenn sich z. B. der Konsument wegen seines sozialen Status gezwungen fühlt, ins Theater zu gehen oder kein billiges Auto zu fahren)*
- **persönliche Faktoren** wie individuelle Einstellungen und Werte *(wenn z. B. der Konsument sich wegen eines Hobbys besonders für Produkte interessiert)*
- **psychologische Faktoren** wie Risikobereitschaft, Zukunftszuversicht, Zukunftsängste, Entscheidungsfähigkeit und Entscheidungsschnelligkeit *(wenn sich z. B. der Konsument grundsätzlich mit Entscheidungen schwer tut und deswegen auch lange über eine Kaufentscheidung nachdenken muss)*

Der **Kaufentscheidungsprozess**, der im Bewusstsein oder Unterbewusstsein des Kunden stattfindet, lässt sich in folgende Schritte einteilen, die – je nach Kaufentscheidungsprozess – unterschiedlich lang und intensiv ausgeprägt sein können:

- Problemerkennung
- Informationsgewinnung

- Informationsbewertung
- Entscheidung
- Verhalten nach dem Kauf (Zufriedenheit mit der Entscheidung oder kognitive Dissonanz bei Zweifeln über die Entscheidung)

Das Ergebnis dieses Verarbeitungsprozesses ist die **Kaufentscheidung** (oder auch die Entscheidung, nichts zu kaufen). Der Kunde entscheidet sich

- für ein Produkt
- für eine Marke
- für eine Kaufstätte
- für einen Kaufzeitpunkt und
- für eine Kaufmenge.

Das S-O-R-Modell stellt aber nicht alle Kaufentscheidungen von Konsumenten dar: Die ausschließliche Aktivität des Reiz-Aussenders (Unternehmen) und die ausschließliche Passivität des Reiz-Empfängers (Kunden) entsprechen nicht immer der Realität. Auch Gruppenprozesse beim Einkaufen (z. B. in Haushalten oder Unternehmen) werden nicht beachtet.

3.2 Kaufentscheidungsprozesse

Die Wissenschaft vom Konsumentenverhalten unterscheidet vier Arten der Kaufentscheidungsprozesse von Konsumenten:

- Bei der **extensiven Kaufentscheidung** wählt der Kunde die Kaufentscheidungskriterien sorgfältig aus und bewertet dann die Kaufalternativen in einem mehrphasigen Prozess. Solche Kaufentscheidungen sollen möglichst vernünftig und begründet sein und werden vom Kunden bevorzugt, wenn es sich um einen seltenen Kauf handelt, der zudem von einem – im Vergleich zur verfügbaren Kaufkraft – relativ hohen Preis gekennzeichnet ist (*z. B. beim Kauf einer Eigentumswohnung, wo der Käufer Kriterien festlegt (z. B. Lage, Stadtteil, Mindestgröße, Garten, Parkplatz, Bahnhofsnähe, Nähe zum Arbeitsplatz) und dann die infrage kommenden Immobilien aussortiert und besichtigt; oder beim Kauf eines Neuwagens, wo der Automobilkäufer zunächst seine Anforderungen festlegt, dann die Broschüren und Zubehörlisten einzelner Fabrikate durcharbeitet und dann bei ausgewählten Modellen Probefahrten unternimmt*).
- Bei der **limitierten Kaufentscheidung** greift der Kunde bei Produkten mit relativ mittlerem Preis auf Handlungsmuster und Entscheidungskriterien zurück, die sich für ihn bewährt haben. Dadurch verringert und begrenzt (limitiert) er den Informationsaufwand, der für seine Kaufentscheidung zu treffen ist, weil nur noch wenige Kaufentscheidungskriterien bewerten werden müs-

sen (*z. B. ein Marmeladenkäufer, der immer seine Lieblingsmarke kauft und sich nur noch zwischen den verschiedenen Geschmacksrichtungen entscheidet, oder ein männlicher Kunde, der immer dieselbe Hemdenmarke in derselben Größe kaufen möchte, weil er mit der Qualität zufrieden ist und die Größe gut passt, und sich nur zwischen verschiedenen Farben und Designs entscheidet, um nicht weitere Hemdenmarken anprobieren zu müssen*).

- Bei der **habituellen Kaufentscheidung** wird ein Produkt mit meist relativ geringem Preis vom Kunden aus Gewohnheit gekauft. Der Entscheidungsprozess ist stark verkürzt, Alternativen werden meist nicht betrachtet (*z. B. ein Kunde, der aus Gewohnheit immer denselben Schokoladenbrotaufstrich, dasselbe Erfrischungsgetränk oder dieselbe Biermarke kauft*).
- Bei der **impulsiven Kaufentscheidung** kauft der Kunde ein Produkt in einer schnellen Reaktion auf einen starken Impuls. Dieser Impuls kann z. B. ein besonders günstiger Preis, eine bekannte Marke oder eine auffällige attraktive Verpackung sein. Diese Kaufentscheidung ist nicht geplant und wenig oder gar nicht überlegt; über Alternativen wird nicht nachgedacht (*z. B. ein Kunde, der an der Kasse eine Süßigkeit kauft, oder ein Kunde, der beim Discounter bei der Aktionsware zugreift, weil ihm das Produkt besonders günstig erscheint*).

Der Preis muss in seiner Höhe relativ zum verfügbaren Einkommen betrachtet werden. (*Als Berufstätiger trifft man z.B. mit Blick auf das Einkommen beim Kauf einer Schokoladensüßigkeit eine impulsive oder habituelle Kaufentscheidung, als Kind kann dies mit Blick auf das Taschengeld eine sehr schwierige und langwierige extensive Kaufentscheidung sein.*)

3.3 Organisationelles Kaufverhalten

B-to-B-Marketing
B-to-B-Marketing (Business-to-Business-Marketing) ist das Marketing von Unternehmen gegenüber anderen Organisationen wie Herstellern, Handelsunternehmen und öffentliche Institutionen. Deren Kaufverhalten unterscheidet sich stark vom Kaufverhalten der Konsumenten.

Beim Marketing gegenüber Endverbrauchern wird auch von B-to-C-Marketing (Business-to-Consumer-Marketing) gesprochen.

Bei Kaufprozessen im B-to-B-Bereich, wo eine Organisation bei einer anderen kauft, spricht man von **organisationellem Kaufverhalten**. Dabei handelt es sich um einen

- Kontakt von zwei Organisationen (Multiorganisationalität),
- bei denen meist mehrere Mitarbeiter (Multipersonalität)

- mit meist verschiedenen Aufgaben (Multioperativität)
- zu meist verschiedenen Zeiten (Multitemporalität)

im Rahmen des Kaufprozesses betraut sind.

Häufig ist der Einkauf in großen Unternehmen und bei staatlichen Stellen in einem Buying Center organisiert und mit vorgegebenen Formalitäten verbunden.

Die marketingtreibenden Unternehmen haben es meist nur mit wenigen, aber dafür größeren und entsprechend wichtigeren Kunden zu tun. Deren Nachfrage ist oft unbeständig und hängt von anderen Einflussfaktoren wie z. B. deren Absatz, Auftragseingängen und finanzieller Situation ab.

Vor allem im Investitionsgüterbereich (*z. B. bei Produktions- und Lagergebäuden, Produktionsanlagen, Lagertechnologie und Energiesystemen*) erschweren komplexe technische Zusammenhänge und die gegenseitige Beeinflussung (neue Anforderungen des Kunden, neue Produktgestaltung durch Lieferanten) den Kaufprozess.

- Manche Güter, wie z. B. Strom, Wasser, Gas, Büromaterial und Grundstoffe für die Produktion, können vergleichsweise einfach, da immer wieder identisch, an einen einzelnen Kunden verkauft werden.
- Andere Güter, die immer wieder an einen einzelnen Kunden verkauft werden, unterliegen im Zeitablauf Anpassungen und Veränderungen, z. B. beim Fuhrpark wie Dienstwagen und Transportlastwagen, bei Dienstleistungen von Unternehmensberatern, Rechtsanwälten und Steuerberatern und bei Notebooks.
- Andere Güter wie komplexe Gebäude und maßgestaltete Produktionsanlagen werden einmalig an einen einzelnen Kunden verkauft und bedeuten eine große Komplexität für das B-to-B-Marketing.

3.4 Kundenzufriedenheit

Kundenzufriedenheit
Kundenzufriedenheit ist das Ergebnis eines psychischen Vorgangs, bei dem der Kunde zwischen der von ihm wahrgenommenen Leistung eines Unternehmens (Ist-Leistung) und seinen Erwartungen (Soll-Leistung) vergleicht.

Daraus ergeben sich folgende Situationen:

- **Kundenzufriedenheit** stellt sich ein, wenn die Erwartungen des Kunden an das Unternehmen durch die vom Kunden wahrgenommene Leistung erfüllt wurden.

- **Kundenunzufriedenheit** wird durch zu hohe Erwartungen des Kunden, eine zu geringe Leistung des Unternehmens oder eine Kombination aus beidem hervorgerufen.
- Wenn ein Anbieter die Erwartungen deutlich übertroffen hat, wird manchmal als Steigerung der Kundenzufriedenheit auch von **Kundenbegeisterung** gesprochen.

Die meisten Unternehmen beschränken sich aus Gründen der Einfachheit darauf, Kundenzufriedenheit aus Leistungsgrößen wie Umsatz oder Marktanteil abzuleiten. Dass diese Kennzahlen trotz des geringen Erhebungsaufwandes keine zuverlässigen Rückschlüsse auf die Zufriedenheit von Kunden zulassen, verdeutlichen die folgenden Beispiele:

- Der Umsatz eines Unternehmens kann konjunkturell, saisonal oder durch Preiserhöhungen bedingt gewachsen sein, ohne dass sich die Zufriedenheit der Kunden verändert hat.
- Der steigende Marktanteil eines Unternehmens muss nicht unbedingt darauf zurückzuführen sein, dass die Kunden nun zufriedener sind. Es ist z. B. auch denkbar, dass die Kunden aufgrund kurzfristiger Lieferengpässe von Konkurrenten notgedrungen beim betrachteten Unternehmen einkaufen müssen.

Wenn man einen fundierten Einblick in die Zufriedenheit der Kunden gewinnen will, bieten sich grundsätzlich zwei Messansätze an:

- **Objektorientierte Verfahren** werden in der Unternehmenspraxis am häufigsten eingesetzt. Objektorientiert bedeutet, dass Größen herangezogen werden, die nicht auf der Einschätzung der Kunden basieren, sondern am Unternehmen anknüpfen.

  Neben den Kennzahlen Umsatz und Marktanteil, die mit erheblichen Mängeln behaftet sind, zählen zu dieser Kategorie die Analyse der Kundenloyalität (z. B. Wiederkaufrate, Wiederkäuferrate), die Auswertung von Reklamationen und Garantiefällen (Beschwerdequote) sowie die Durchführung von Qualitätskontrollen (beispielsweise durch Testkäufe).

- **Subjektorientierte Verfahren** knüpfen unmittelbar an der Einschätzung des Subjekts, nämlich des Kunden, an. Zu diesem Zweck bedient man sich der Kundenbefragung.

  Grundsätzlich lässt sich zwischen ereignisorientierten und merkmalsgestützten Verfahren unterscheiden. Bei ersteren wird der Kunde aufgefordert, positive bzw. negative Erfahrungen mit dem Unternehmen frei zu schildern. Im Gegensatz dazu wird er im Falle des zweiten Ansatzes gebeten, ein Unternehmen bzw. dessen Produkte als Ganzes (eindimensionale Messung) oder bestimmte Eigenschaften (mehrdimensionale Messung) zu bewerten.

Beispiel: Ein Unternehmen möchte die Zufriedenheit seiner Kunden ermitteln. Die Kunden werden zu diesem Zwecke befragt und geben mithilfe der Schulnotenskala von 1 bis 6 an, wie zufrieden sie mit einzelnen Leistungskomponenten des Unternehmens sind. Dabei stehen die Note 1 für „sehr zufrieden" und die Note 6 für „völlig unzufrieden". Weil manche Leistungskomponenten wichtiger als andere sind, werden die Notendurchschnitte (Einzelzufriedenheiten EZ) vor ihrer Addition noch mit den Wichtigkeiten W multipliziert. Im Ergebnis aller Kunden ergibt sich eine Zufriedenheit von 2,05.

Beispiel zur Ermittlung der Kundenzufriedenheit

Leistungskomponente i	*Qualität*	*Preis*	*Beratung*
Einzelzufriedenheit EZ_i	*1,5*	*3,0*	*2,5*
Wichtigkeit W	*60 %*	*30 %*	*10 %*
EZ x W	*0,9*	*0,9*	*0,25*
Kundenzufriedenheit	*Summe = 0,9 + 0,9 + 0,25 =* ***2,05***		

Die Interaktion zwischen Kunde und Unternehmen und das Entstehen von Kundenzufriedenheit und Kundenbindung können grafisch dargestellt werden (s. Abb. 9).

Ausgangspunkt sind die **Erwartungen**, die der Kunde an ein Unternehmen und die Nutzung eines Produktes hat. Diese Erwartungen sind bestimmt durch

- die **Bedürfnisse** des Kunden *(z. B. bei Durst erwartet der Kunde, dass der Orangensaft den Durst stillt; bei Erholungsbedürfnis erwartet er, dass er in dem Ferienhotel Ruhe und Entspannung findet)*
- die **bisherigen Erfahrungen** mit dem Unternehmen und den Produkten *(z. B. wenn der Kunde diesen Orangensaft schon getrunken hat, erwartet er, dass er wieder so gut schmeckt; wenn der Kunde schon einmal das Ferienhotel besucht hat, erwartet er, dass das Zimmer wieder so geschmackvoll eingerichtet, das Personal wieder so freundlich und das Buffet im Restaurant wieder so abwechslungsreich ist; wenn der Kunde einen Werbespot oder ein Werbeplakat für das ihm noch unbekannte Produkt sieht, beeinflusst diese Erfahrung seine Erwartung)*
- **Erfahrungen mit Wettbewerbsprodukten** *(z. B. wenn der Kunde einen anderen Orangensaft getrunken hat, erwartet er, dass der jetzt konsumierte Saft ebenso fruchtig ist; wenn der Kunden im letzten Jahr in einem anderen Hotel war, erwartet er, dass auch in dem jetzt gebuchten Hotel der Wellness-Bereich so groß und modern gestaltet ist).*

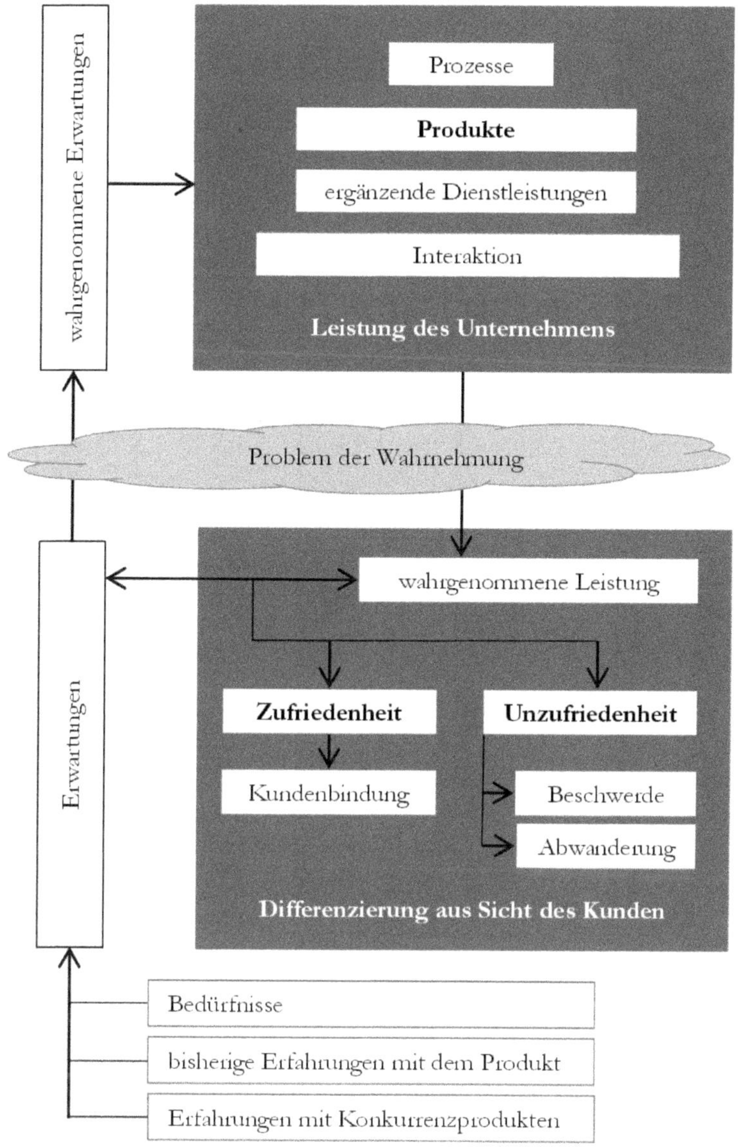

Abb. 9: Entstehung von Kundenzufriedenheit und Kundenbindung

Die Erwartungen des Kunden sind bei vielen Produkten, besonders bei Dienstleistungen, wenig klar definiert und eher diffus. Auch den Kunden selbst fällt es oft schwer, die Erwartungen an das Produkt klar zu formulieren.

Wichtig ist auch der Einfluss der Erfahrungen mit den Produkten: Positive Erfahrungen mit Produkten werden die Erwartungen wachsen lassen.

Das Unternehmen nimmt nun die Erwartungen der Kunden wahr (**wahrgenommene Erwartungen**). Das **Problem der Wahrnehmung** führt zwangsläufig dazu, dass Erwartungen unvollständig und fehlerhaft wahrgenommen werden. Instrumente zur Wahrnehmung der Kundenerwartungen sind:

- aktuelle Absatz- und Umsatzzahlen (häufig gekaufte Produkte entsprechen offensichtlich den Erwartungen, nicht gekaufte Produkte tun dies offensichtlich nicht)
- Absatz- und Umsatzzahlen von Konkurrenzprodukten
- Beschwerden als Kundenreaktion auf nicht erfüllte Erwartungen
- Marktforschung, in der aktuelle oder potenzielle Kunden nach ihren Erwartungen befragt werden.

Mit Blick auf die wahrgenommenen Erwartungen der Kunden gestaltet das Unternehmen nun seine **Leistung**. Sie besteht aus den angebotenen **Produkten** und den **ergänzenden Dienstleistungen**. Zur Leistung gehören aber auch die **Prozesse**, mit denen das Angebot des Unternehmens erstellt wird. Ebenfalls zur Leistung eines Unternehmens gehört das Verhalten des Unternehmens in der **Interaktion** mit dem Kunden, z. B. das Verhalten eines Mitarbeiters im Kundengespräch oder die schriftliche Reaktion auf eine Kundenbeschwerde.

Diese Leistung des Unternehmens, die aus dessen Sicht die wahrgenommenen Erwartungen erfüllen soll, wird nun wieder vom Kunden wahrgenommen (**wahrgenommene Leistung**). Wieder kommt es zu Fehlerhaftigkeiten und Unvollständigkeiten bei der Wahrnehmung. Am stärksten wird der Kunde üblicherweise die Interaktion mit dem Unternehmen wahrnehmen, am wenigsten die Prozesse. Häufig kennt der Kunde auch nicht das komplette Angebot an Produkten und ergänzenden Dienstleistungen.

Aus dem Vergleich der Kundenerwartungen und der vom Kunden wahrgenommenen Leistung entsteht nun **Zufriedenheit** oder **Unzufriedenheit**.

Zufriedenheit kann dazu führen, dass sich der Kunde an das Unternehmen gebunden fühlt (**Kundenbindung**). Sie führt nicht zur Kundenbindung, wenn der Kunde zwar zufrieden ist, aber trotzdem andere Produkte ausprobieren möchten (**Abwechslungsneigung**, Variety Seeking).

Bei Unzufriedenheit reagieren die Kunden mit **Beschwerde** oder mit **Abwanderung**. Beschwerde ist im Falle der Unzufriedenheit die bessere Alternative, weil das Unternehmen dann vom Grund der Unzufriedenheit und damit von den Erwartungen des Kunden erfährt.

Ist der Kunde unzufrieden, entgehen dem betroffenen Unternehmen nicht nur Erlöse, sondern es fallen auch Aufwendungen für Nachbesserung, Kulanzregelungen sowie gelegentlich auftretende Regressansprüche an. Verantwortlich hierfür sind:

- **Abwanderung**, d. h. der Kunde wechselt bei Unzufriedenheit den Anbieter oder boykottiert im Extremfall sogar das Unternehmen.
- **Negative Mundpropaganda**, d. h. er bringt seine Unzufriedenheit mit den Leistungen des Unternehmens bei Freunden, Bekannten und Kollegen zum

Ausdruck oder veröffentlicht kritische Beiträge in sozialen Netzwerken im Internet, die von vielen anderen gelesen werden. Untersuchungen belegen, dass unzufriedene Kunden bis zu 15 Bekannten, Freunden und Verwandten von ihrem negativen Erlebnis berichten.

- **Beschwerden** gegenüber Unternehmen und Dritten wie z. B. Verbraucherschutzeinrichtungen, Ombudsleuten, Schiedsstellen und Medien.

3.5 Kundenbindung

Kundenbindung
Unter dem Begriff Kundenbindung versteht man das Gebundensein eines Kunden an einen bestimmten Anbieter in der Hinsicht, dass innerhalb eines Zeitraums Geschäftsabschlüsse getätigt und wiederholt werden.

Das Ziel der meisten Unternehmen ist es, Kunden an sich zu binden. Ein hoher Anteil an Kunden, die an ein Unternehmen, ein Produkt oder eine Marke gebunden sind, eröffnen dem anbietenden Unternehmen Sicherheits- und Ertragspotenziale.

Das **Sicherheitspotenzial** der Kundenbindung ergibt sich aus folgenden Aspekten:

- Ein hoher Anteil an gebundenen Kunden (Stammkunden) macht die Produktions- und Absatzplanung einfacher und zuverlässiger. Das Risiko einer nicht ausgelasteten Kapazität oder nicht verkaufter Produkte sinkt *(z. B. bei einem Industriegüterhersteller, dessen Stammkunden lange im Voraus verlässliche Bestellungen aufgeben, oder bei einem Hotel, das aufgrund von frühen Buchungen der Stammkunden immer schon früh von einer guten Auslastung weiß)*
- Die Interaktion mit gebundenen Kunden ist meist einfacher, da das Unternehmen über die Besonderheiten und Anforderungen der gebundenen Kunden Bescheid weiß.

Das **Ertragspotenzial** der Kundenbindung ergibt sich daraus, dass mit einem hohen Anteil gebundener Kunden höhere Umsätze und geringe Kosten verbunden sein können. Sie ergeben sich aus den folgenden Aspekten, die in empirischen Untersuchungen oft bestätigt werden konnten:

- Gebundene Kunden verursachen **geringere Vertriebskosten**, weil keine Akquisitionskosten wie Werbebroschüren zur Kundengewinnung, Produktmuster und Neukundenrabatte anfallen.
- Gebundene Kunden verursachen **geringere Verwaltungskosten**, weil keine Aufwendungen mehr z. B. für die Anlage der Kundendaten, die erstmalige Ausfertigung von Verträgen, die Identifikation der Kunden durch Lichtbildausweis und die Prüfung der Bonität anfallen.
- Gebundene Kunden haben eine **erhöhte Kauffrequenz**, d. h. sie kaufen im gleichen Zeitraum öfter ein als nicht gebundene Kunden.

- Gebundene Kunden haben im Durchschnitt **höhere Rechnungsbeträge** als nicht gebundene Kunden, weil sie stärker geneigt sind, zusätzliche Produkte (**Cross-Selling**) oder höherwertige Produkte (**Up-Selling**) zu kaufen.
- Gebundene Kunden haben eine **geringere Preissensibilität**, so dass sie Preiserhöhungen in höherem Maße akzeptieren, ohne auf den Kauf der Produkte zu verzichten.
- Gebundene Kunden geben mit höherer Wahrscheinlichkeit **Weiterempfehlungen** an andere potenzielle Kunden, so dass zusätzliche Umsätze entstehen.

Es können sechs Gründe für Kundenbindung unterschieden werden. Sie können jeweils einzeln, aber auch in Kombination gemeinsam Kundenbindung erzeugen:

- Bei der **emotionalen Kundenbindung** ist der Kunde an ein Unternehmen, ein Produkt oder eine Marke gebunden, weil er damit zufrieden ist. Emotionale Kundenbindung ist also Kundenbindung aus Kundenzufriedenheit. Dass emotionale Kundenzufriedenheit entsteht, kann vielfältige Ursachen haben, z. B. gute Verarbeitungsqualität, positives Image, modernes Design, guter Geschmack, Umweltfreundlichkeit der Produktion, gemeinnützige Aktivitäten des Unternehmens und Produkte auf dem neusten technischen Stand. Die emotionale Kundenbindung ist die langfristig stabilste Form der Kundenbindung, wenn der Kunde zufrieden bleibt.

  Ein Kunde ist z. B. an ein Restaurant gebunden, weil es ihm dort sehr gut schmeckt. Ein Kunde ist an ein Handelsunternehmen gebunden, weil er mit dem Sortiment und der Frische der Produkte sehr zufrieden ist. Ein Kunde ist an ein Unternehmen gebunden, weil es seine Mitarbeiter besonders gut behandelt und viele soziale Aktionen vor Ort unterstützt. Ein Kunde ist an einen Hersteller von Unterhaltungselektronik gebunden, weil dieser immer neueste Bildtechnik und beste Klangqualität bietet.

  Kundenzufriedenheit führt nicht immer zur Kundenbindung. Wenn der Kunde eine hohe Abwechslungsneigung hat (Variety Seeking), wird er sich trotz Zufriedenheit nicht gebunden fühlen und möchte andere Produkte ausprobieren.

  Viele Kunden haben z. B. bei Süßwaren eine erhöhte Abwechslungsneigung. Obwohl sie eine Schokoladensorte gerne mögen, möchten sie immer wieder andere und neue Sorten ausprobieren. Die Unternehmen sind gezwungen, neue Sorten oder Saisonsorten auf den Markt zu bringen, um den Kunden zwar nicht an eine bestimmte Schokoladensorte, aber wenigstens an die Schokoladenmarke zu binden.

- Bei der **sozialen Kundenbindung** ist der Kunde an ein Unternehmen, ein Produkt oder eine Marke gebunden, weil er dadurch die Zugehörigkeit zu einer sozialen Gruppe erreicht. Er kauft das Produkt also nicht oder nicht nur deswegen, weil er damit zufrieden ist, sondern deswegen, weil die Produktnutzung möglich macht, dass er Teil einer sozialen Gruppe ist oder von sich oder anderen als Teil einer Gruppe wahrgenommen wird.

Ein Jugendlicher z. B. trägt eine spezielle Schuhmarke, weil er damit in seiner Clique akzeptiert ist. Ein Kunde besucht an einem Abend ein Restaurant, obwohl die dortige Küche nicht sein Geschmack ist, weil er den Abend mit seinen Freunden verbringen möchte, die sich für das Restaurant entschieden haben. Ein Mitspieler in einer Freizeitfußballmannschaft ist an ein bestimmtes Trikot einer Sportartikelmarke gebunden, weil alle Teammitglieder es tragen.

- Bei der **ökonomischen Kundenbindung** ist der Kunde an ein Unternehmen, ein Produkt oder eine Marke gebunden, weil er wirtschaftliche Vorteile davon hat. Auch kann es also sein, dass der Kunde nicht zufrieden ist, aber trotzdem gebunden ist. Es gibt zwei Arten wirtschaftlicher Vorteile:
  - Kunden können erstens wegen eines **niedrigen Preises** ökonomisch gebunden sein, der auch durch Sonderangebote, Rabatte, Boni, Skonti begründet sein kann.

    Ein Kunde z. B. ist an ein Discounthandelsunternehmen gebunden, weil er dort die niedrigsten Preise bezahlt. Ein Kunde ist – auch wenn er mit deren Service nicht zufrieden ist – an eine Billigfluglinie gebunden, weil er sich die Nutzung einer anderen Fluggesellschaft finanziell nicht leisten kann.
  - Zweitens können es **niedrige Transaktionskosten** sein, die einen Kunden ökonomisch binden. Transaktionskosten sind Kosten, die mit wirtschaftlichen Transaktionen wie Kaufen und Verkaufen verbunden sind. Sie können in Geldausgaben, aber auch Zeitaufwand, körperlicher Mühe oder gedanklicher Anstrengung und Konzentration bestehen.

    Vor der Transaktion sind Transaktionskosten z. B. Informationsbeschaffungs-, Anbahnungs-, Fahrt- und Vereinbarungskosten, nach der Transaktion sind es Abwicklungs-, Transport-, Kontroll- sowie Änderungs- und Anpassungskosten. Alle Transaktionskosten, die mit dem Wechsel zu einem neuen Anbieter verbunden sind, bezeichnet man als Wechselkosten.

    Ein Kunde z. B. ist an ein Handelsunternehmen gebunden, weil es für ihn am einfachsten zu erreichen ist. Er ist nicht sonderlich zufrieden mit dem Sortiment und der Freundlichkeit in einem kleinen Supermarkt, kauft aber dennoch wöchentlich dort ein, weil er verkehrsgünstig auf dem Weg von seiner Arbeitsstätte zu seinem Wohnort liegt. Ein Computeranwender ist an seine Textverarbeitungssoftware gebunden, weil er keine Lust hat, die neue Version mit neuer Benutzeroberfläche und neuen Funktionen zu erlernen. Ein Stromkunde ist an seine Stadtwerke gebunden, weil ihm die Wechselprozedur zu aufwändig und das Risiko, keinen Strom zu bekommen, zu groß erscheinen. Ein Bankkunde ist nicht zufrieden mit den Leistungen seines Kredit-

instituts, scheut aber den Wechsel zu einer anderen Bank, weil er dann vielen seine neue Kontoverbindung mitteilen müsste.

- Bei der **vertraglichen Kundenbindung** ist der Kunde an ein Unternehmen, ein Produkt oder eine Marke gebunden, weil er freiwillig einen entsprechenden Vertrag eingegangen ist, der ihn für die Dauer der Vertragslaufzeit zwingt, die Leistungen des Unternehmens abzunehmen und zu bezahlen.

  Ein Kunde z. B. ist vertraglich an einen Zeitschriftenverlag gebunden, mit dem er einen Abonnementvertrag abgeschlossen hat. Viele Kunden binden sich vertraglich an Mobilfunkunternehmen oder Versicherungen. Unternehmen binden sich vertraglich an Lieferanten, indem sie einen Belieferungsvertrag abschließen, wie z. B. Gaststätten, die vertraglich an Brauereien gebunden sind.

- Bei der **rechtlichen Kundenbindung** ist der Kunde an ein Unternehmen, ein Produkt oder eine Marke gebunden, weil eine rechtliche Bestimmung ihn dazu zwingt, Leistungen von einem bestimmten Unternehmen abzunehmen. Die rechtliche Bestimmung kann in einem Bundesgesetz, einem Landesgesetz oder einer kommunalen Satzung festgelegt sein.

  Es kann sein, dass nicht nur ein bestimmter, meist staatlicher Anbieter vorgeschrieben ist, sondern auch die Nutzung des Produktes selbst. *Dies ist z. B. bei der gesetzlichen Rentenversicherung oder der gesetzlichen Arbeitslosenversicherung der Fall, bei der Arbeitnehmer nicht nur an die staatliche Versicherung gebunden sind, sondern auch keine Wahl haben, ob sie sich versichern möchten.*

  Es kann auch sein, dass die Nutzung des Produktes nicht vorgeschrieben ist, der Kunde aber gebunden ist, wenn er das Produkt nutzen möchte. *So ist z. B. niemand gezwungen, Wasser zu verbrauchen; wenn man es aber tun möchte, ist man an das kommunale Wasserwerk (Stadtwerke) gebunden.*

  Es gibt auch Fälle, in denen Kunden ein Gut kaufen müssen, aber nicht rechtlich gebunden sind. Hierbei handelt es sich nicht um rechtliche Kundenbindung. *Bei der Kraftfahrzeughaftpflichtversicherung z. B. besteht keine rechtliche Kundenbindung. Zwar sind Kraftfahrzeughalter verpflichtet, ihr Fahrzeug zu versichern, es steht ihnen aber frei, welche Versicherungsgesellschaft sie wählen.*

- Bei der **technisch-funktionalen Kundenbindung** ist der Kunde an ein Unternehmen, ein Produkt oder eine Marke gebunden, weil die Nutzung eines Produkts technische Kompatibilität mit ergänzenden Produkten erfordert. Ein Ausgangsprodukt ist mit diesen ergänzenden Produkten (Komplementärprodukten) technisch so verbunden, dass das Ausgangsprodukt nur mit den Komplementärprodukten des Originalherstellers betrieben werden kann.

  Der Kunde ist bei der Nutzung eines Druckers an die Originaldruckerpatronen gebunden. Bei Nutzung einer Kaffeemaschine ist er an die Kaffeekapseln des Herstellers gebunden. Zu einem Smartphone passt nur ein bestimmtes Lade-

kabel. Das Unternehmen ist bei Einsatz einer Business-Intelligence-Software gezwungen, die Updates des Unternehmens zu erwerben.

Zusammenfassend wird die Kundenbindung also von folgenden Bestimmungsfaktoren beeinflusst:

- Kundenzufriedenheit
- Abwechslungsneigung
- Wechselbarrieren (sozialer, ökonomischer, technisch-funktionaler, vertrag-licher und rechtlicher Natur)
- Attraktivität des Konkurrenzangebotes.

3.6 Fragen

Als Cross-Selling bezeichnet man den Kauf höherwertiger Produkte.

☐ richtig ☐ falsch

Bei impulsiven Kaufentscheidungen evaluiert der Kunde sorgfältig alle Kaufalternativen.

☐ richtig ☐ falsch

Bei limitierten Kaufentscheidungen greift der Kunde auf bewährte Handlungsmuster und Entscheidungskriterien zurück.

☐ richtig ☐ falsch

Bei Unzufriedenheit des Kunden ist die Beschwerde im Vergleich zur Abwanderung die bessere Alternative.

☐ richtig ☐ falsch

Beim Konsumentenverhalten geht es um die Betrachtung aller Vorgänge durch Konsumenten nur in der Vorkaufphase.

☐ richtig ☐ falsch

Die Erwartungen der Kunden an Produkte werden ausschließlich durch die Bedürfnisse der Kunden bestimmt.

☐ richtig ☐ falsch

Die Leistung eines Unternehmens besteht nur aus den Produkten und den ergänzenden Dienstleistungen.

☐ richtig ☐ falsch

Ein habitueller Kaufentscheidungsprozess ist ein stark verkürzter Entscheidungsprozess.

☐ richtig ☐ falsch

Ein Vorteil einer hohen Kundenbindung ist die zunehmende Preissensibilität.

☐ richtig ☐ falsch

Emotionale Kundenbindung ist Kundenbindung aus Kundenzufriedenheit.

☐ richtig ☐ falsch

Für den Markterfolg eines Unternehmens ist die durch den Kunden wahrgenommene Leistung und nicht dessen tatsächliche Leistung entscheidend.

☐ richtig ☐ falsch

Gebundene Kunden geben häufiger Weiterempfehlungen als nicht gebundene Kunden.

☐ richtig ☐ falsch

Gebundene Kunden haben im Durchschnitt höhere Rechnungsbeträge.

☐ richtig ☐ falsch

Gebundene Kunden verursachen geringere Vertriebs- und Verwaltungskosten als nicht gebundene Kunden.

☐ richtig ☐ falsch

Objektorientierte Verfahren zur Messung von Kundenzufriedenheit knüpfen unmittelbar an der Einschätzung des Kunden an.

☐ richtig ☐ falsch

Ökonomische Kundenbindung bedeutet ausschließlich, dass man sich wegen eines günstigen Preises gebunden fühlt.

☐ richtig ☐ falsch

Variety Seeking bedeutet, dass Konsumenten sich nicht binden, obwohl sie zufrieden sind, weil sie Abwechslung suchen.

☐ richtig ☐ falsch

Wenn sich ein Kunde an ein Unternehmen gebunden fühlt, das technische Neuheiten auf den Markt bringt, nennt man dies technisch-funktionale Kundenbindung.

☐ richtig ☐ falsch

Wenn sich ein Kunde wegen des sozialen Sponsorings eines Unternehmens gebunden fühlt, nennt man dies soziale Kundenbindung.

☐ richtig ☐ falsch

Zufriedenheit entsteht beim Kunden durch Vergleich der eigenen Erwartungen mit der objektiven Leistung des Unternehmens.

☐ richtig ☐ falsch

3.7 Prüfungstipps

Welchen Prüfungstipp kann ich aus diesem Abschnitt ziehen?

In Prüfungen wird häufig gefordert, ▪ das S-O-R-Modell zu erläutern ▪ die verschiedenen Arten der Kaufentscheidungsprozesse zu unterscheiden und mit Beispielen zu erläutern ▪ die Interaktion zwischen Kunden und Unternehmen grafisch darzustellen ▪ Kundenzufriedenheit und Kundenbindung voneinander abzugrenzen ▪ die verschiedenen Arten der Kundenbindung zu unterscheiden und Beispiele zu finden.

Schritt 4:

Strategisches Marketing

Lernhinweise

Was erwartet mich in diesem Kapitel?

In diesem Kapitel wird erläutert, welche strategischen Alternativen ein Unternehmen im Marketing hat und welche Werkzeuge und Modelle es nutzen kann, um die geeignete Marketing-Strategie zu finden.

Welche Schlagwörter lerne ich kennen?

■ Strategische Geschäftseinheit ■ Wettbewerbsvorteile ■ Differenzierungsstrategie ■ Kostenführerschaftsstrategie ■ Strukturelle Kostenunterschiede ■ Kostenmanagement ■ Kostenniveau ■ Kostenstruktur ■ Kostendeckung ■ Marktbearbeitungsstrategien ■ Diversifikation ■ Lebenszyklus-Analyse ■ Portfolio-Analyse ■ SWOT-Analyse

Wofür benötige ich dieses Wissen?

Mithilfe des Strategischen Marketings können viele Marketing-Entscheidungen in Unternehmen vorbereitet oder nachvollzogen werden.

Abgeleitet von den festgelegten Marketing-Zielen wird im Strategischen Marketing bestimmt, mithilfe welcher Potenziale das Unternehmen die Ziele erreichen möchte.

Das Strategische Marketing bezieht sich dabei meist auf **Strategische Geschäftseinheiten** (SGE). Dabei handelt es sich um Teilbereiche des Unternehmens, die unabhängig von anderen Teilbereichen des Unternehmens auf Märkten Produkte anbieten und so eigenständige Beiträge zum Unternehmenserfolg liefern. *(Die verschiedenen Produktbereiche eines großen Konsumgüterkonzerns wie z. B. Shampoo, Hautcreme, Speiseeis, Tütensuppen und Joghurt sind jeweils Strategische Geschäftseinheiten. Gleiches gilt für einen Elektronikkonzern, der z. B. Windkraftanlagen, Umspannwerke, Turbinen, Medizintechnik und Hochgeschwindigkeitszüge anbietet.)*

Mehrere strategische Geschäftseinheiten werden mitunter von den Unternehmen in strategischen Geschäftsfeldern (SGF) zusammengefasst.

4.1 Wettbewerbsvorteile

Um Unternehmensziele erreichen zu können, müssen Unternehmen Wettbewerbsvorteile erzielen.

Wettbewerbsvorteil
Ein Wettbewerbsvorteil ist ein für den Kunden wichtiger Vorteil, den ein Unternehmen und seine Produkte aus Sicht der Kunden dauerhaft gegenüber den Wettbewerbern haben.

- Wichtig für die Eigenschaft als Wettbewerbsvorteil ist die Wahrnehmung der Kunden; nur die Kunden alleine entscheiden, was ein Wettbewerbsvorteil ist und was nicht, worin ein Wettbewerbsvorteil liegt und worin nicht.
- Wettbewerbsvorteile können in allen Eigenschaften des Produkts liegen, welche die Kaufentscheidung des Kunden beeinflussen. Der Kunde wird Wettbewerbsvorteile nur bei solchen Produkteigenschaften wahrnehmen, die ihm wichtig erscheinen. Unternehmen sollten jene Produkteigenschaften mit Betonung kommunizieren, die aus Sicht der Kunden Wettbewerbsvorteile sind.
- Mit Dauerhaftigkeit des Wettbewerbsvorteils ist gemeint, dass der Wettbewerbsvorteil nicht so schnell von der Konkurrenz durch Imitation (Nachahmung) egalisiert werden kann.

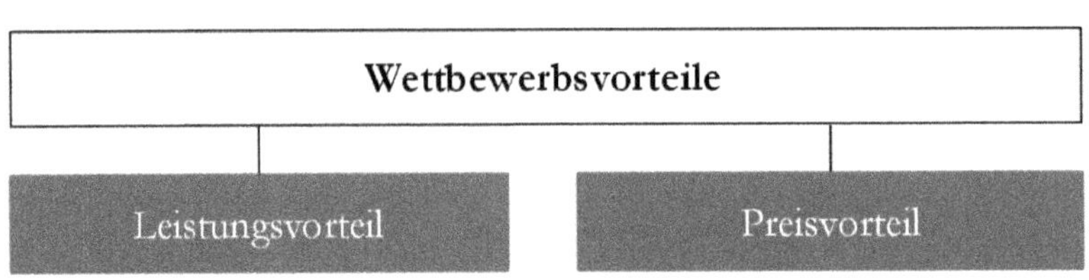

Abb. 10: Wettbewerbsvorteile

In der Praxis des Strategischen Marketings hat sich gezeigt, dass es zwei Arten von Wettbewerbsvorteilen gibt, die erfolgversprechend sind:

- Um aus Sicht der Kunden **Leistungsvorteile** zu haben, muss das Unternehmen etwas anbieten, das nach Meinung der Kunden einzigartig und besonders ist und von den Kunden wertgeschätzt wird. Weil sich das Unternehmen wegen besonderer Leistungen in der Wahrnehmung der Kunden von anderen Anbietern unterscheidet, wird die Leistungsvorteilsstrategie als **Differenzierungsstrategie** bezeichnet.
- Um aus Sicht der Kunden **Preisvorteile** zu haben, muss das Unternehmen in der Wahrnehmung der Kunden die Produkte mit dem besten Preis-Leistungs-Verhältnis anbieten. Um dauerhaft die geringsten Preise verlangen zu können, muss das anbietende Unternehmen im Vergleich zu den Wettbewerbern die geringsten Kosten haben. Wer Preisführer in einer Branche sein möchte, muss also auch Kostenführer sein. Die Preisvorteilsstrategie wird als **Kostenführerschaftsstrategie** bezeichnet.

Eine Wettbewerbsstrategie, die zum Ziel hat, sowohl Leistungsvorteile als auch Kostenvorteile zu erzielen, wird **Outpacing-Strategie** genannt. Sie ist besonders anspruchsvoll, weil Leistung und Kosten üblicherweise in einem Zielkonflikt zueinander stehen: Bessere Leistung eines Unternehmens ist oft mit höheren Kosten verbunden; niedrigere Kosten bedeuten oft eine schlechtere Leistung.

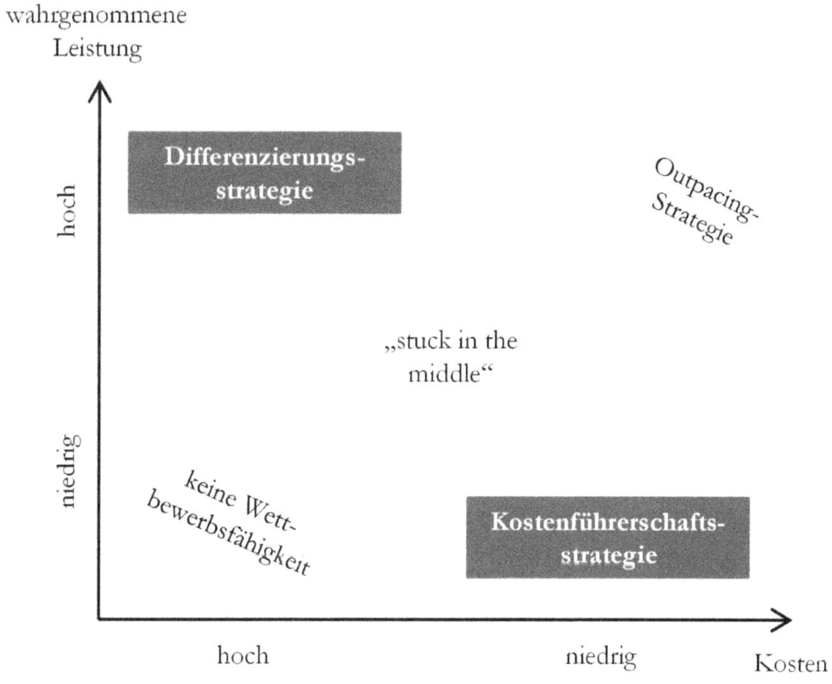

Abb. 11: Strategisches Feld

Dennoch ist es dank des technischen Fortschritts und erfolgreichen Marketings für ein Unternehmen möglich, aus Sicht der Kunden besonders gute Leistungen bei gleichzeitig günstigen Preisen zu bieten. Da aber der technische Fortschritt auch von anderen Unternehmen nachgeahmt und im Produktionsprozess eingesetzt werden kann und sich die Bedürfnisse der Kunden im Laufe der Zeit verändern, kann die gleichzeitige Leistungs- und Kostenführerschaft nicht dauerhaft erreicht werden.

Ein Beispiel für Unternehmen mit Outpacing-Strategie ist der Computerhersteller Dell, der qualitativ hochwertige Computer mit individueller Konfiguration durch den Kunden und schneller Lieferung (Leistungsvorteile) zu günstigen Preisen anbietet, seine Outpacing-Situation aber wieder verloren hat, weil Kunden heute öfter statt Notebooks Smartphones und Tablets verlangen, die Dell nicht anbietet.

Unternehmen, die aus Sicht der Kunden weder Leistungsvorteile noch Kostenvorteile bieten, stecken gleichsam strategisch in der Mitte fest (**stuck in the middle**). Aus Sicht der Kunden sind die Produkte dieser Unternehmen weder besonders einzigartig noch besonders preisgünstig.

Das heute häufig auftretende **hybride Konsumentenverhalten** verschärft die Problematik für die Unternehmen. Es bedeutet, dass dieselben Konsumenten unter Auslassung der Mitte abhängig von den Präferenzen manche Produkte sowohl im Premiumbereich zusatznutzenorientiert als auch andere Produkte im Preiseinstiegsbereich grundnutzenorientiert einkaufen. Im Normalfall werden die Stuck-in-the-Middle-Unternehmen versuchen, neue Leistungsvorteile zu generieren (**Trading-Up**) oder aber durch Leistungseinschränkungen (**Trading-Down**) Kosten zu reduzieren und Preisvorteile zu erreichen.

Unternehmen, die aus Sicht der Kunden schlechte Leistungen zu hohen Preisen anbieten, werden dauerhaft nicht wettbewerbsfähig sein, weil es für die Kunden üblicherweise zwei Alternativen gibt: Sie können bei Konkurrenzunternehmen dieselbe niedrige Leistung zu günstigeren Preisen oder zu ebenso hohen Preisen eine bessere Leistung kaufen.

Dies galt z. B. für die bis dato von der Deutschen Bundespost vertriebenen Standardtelefone, die keine besonders gute Leistung (kein Telefonbuch, keine Klingeltonwahl, kein Display, langweiliges Design, kein Schnurlostelefon) mit überhöhten (Miet-)Preisen verbanden. Mit der Liberalisierung des Telefonendgerätemarktes Ende der 1980er Jahre gab es viele preisgünstigere oder bessere Telefone zu kaufen.

4.2 Differenzierungsstrategie

Bei der **Differenzierungsstrategie** geht es dem Unternehmen darum, bei seinen Produkten Vorteile zu schaffen und zu sichern, die aus Sicht der Kunden einzigartig und besonders sind. In der Wahrnehmung der Kunden erreichen die Produkte damit eine Sonderstellung. Der Leistungsvorsprung des Unternehmens besteht also in der Einzigartigkeit aus Sicht der Kunden.

Marken, die eine Differenzierungsstrategie verfolgen, sind z. B. Porsche, Lufthansa, Feinkost Käfer, Hugo Boss, Hülsta Möbel und Sofitel Luxushotels.

Kunden können in vielen verschiedenen Aspekten des Leistungsangebots Leistungsvorteile sehen, z. B.:

- Verarbeitungsqualität
- Qualitätsanmutung
- Möglichkeit der kundenindividuellen Gestaltung
- technologischer Neuheitsgrad
- Tradition
- Design
- Energieverbrauch
- Funktionalität
- einfache Bedienbarkeit und Anwendungsfreundlichkeit
- Kompatibilität mit anderen Produkten
- Verpackung (Anwendungsfreundlichkeit, Aussehen, Wiederverwendbarkeit)
- Zahl und Art der Vertriebswege
- Schnelligkeit der Lieferung
- Flexibilität der Lieferung
- Pünktlichkeit der Lieferung (bei Just-in-time-Produktion und Cross Docking)
- Unternehmen als erster Anbieter auf den Märkten (Pionier)
- Markenimage (Bekanntheit, Prestige, Modernität, Tradition)
- zusätzliche Serviceleistungen (Montage, Demontage, Wartung, Reparatur)
- Übersichtlichkeit des Angebots
- zusätzliche Garantien
- produktbezogene Versicherungsdienstleistungen
- Finanzierungsmöglichkeiten (Leasing, Kredit)
- besondere Pflege der Kundenbeziehung
- Mitgliedschaft in einem exklusiven Kundenclub
- Möglichkeit, Punkte zu sammeln
- umweltfreundliche Produktion
- Einsatz ökologisch vorteilhafter Produktionsfaktoren

- soziales Engagement des Unternehmens
- Umweltengagement des Unternehmens

Da die Produkte besser den Kundenbedürfnissen entsprechen, können meist auch höhere Preise am Markt durchgesetzt werden. Dies ist aber oft auch notwendig, weil die besseren Leistungen im Unternehmen mit höheren Kosten verbunden sind.

Es gibt nur wenige Leistungsvorteile, die über lange Zeit vom Kunden als solche wahrgenommen werden *(z. B. besonderer Geschmack des Nutella-Brotaufstrichs)*. Wegen der Neuentwicklung von Prozessen und Produkten auf den Märkten (Innovation), der Nachahmung von erfolgreichen Produkten durch Wettbewerber (Imitation) und der Veränderung von Kundenbedürfnissen sind Unternehmen mit Differenzierungsstrategie ständig gezwungen, neue bessere Leistungen zu entwickeln, um sich zu differenzieren. In Märkten, in denen sich Trends und technischer Fortschritt besonders schnell entwickeln, ist dies besonders nötig, wie viele Beispiele zeigen:

- In den 1970er Jahren war ein Fahrzeug der Oberklasse ein besonderes Produkt, weil es mit Airbag, ABS und elektrischen Fensterhebern ausgestattet war; heute stellen diese Produktkomponenten keine Leistungsvorteile aus Sicht der Kunden mehr dar, weil sie Standard auch bei jedem Kleinwagen geworden sind.
- Vor wenigen Jahren waren das Design und das Markenimage der Bekleidungsmarke „Ed Hardy" ein Leistungsvorteil, so dass es für viele Kunden als schick und trendy galt; heute finden viele Kunden sie unattraktiv.
- Nokia war wegen seiner Leistungsvorteile, die vor allem im technischen Bereich lagen, lange Jahre Marktführer bei den Mobilfunkendgeräten. Die technische Entwicklung zum Smartphone und die neue Bedeutung des Designs und der Marke aus Sicht der Kunden haben dazu geführt, dass Apple und Samsung heute in der Wahrnehmung vieler Kunden Leistungsvorteile haben. Wegen der rasanten technischen Entwicklung kann es in wenigen Monaten schon wieder ein anderes Unternehmen sein.

4.3 Kostenführerschaftsstrategie

Die **Kostenführerschaftsstrategie** zielt darauf ab, Produkte, die nicht einzigartig sein müssen, zu möglichst günstigen Kosten herzustellen, um die Möglichkeit zu haben, auf den Märkten die niedrigsten Preise verlangen zu können. Bei einem festgelegten Mindestmaß an Qualität und Service sucht das Unternehmen also Wettbewerbsvorteile durch günstige Preise.

Unternehmen und Marken, die eine Kostenführerschaftsstrategie verfolgen, sind z. B. Dacia, Aldi, Ryanair und Ibis Budget-Hotels.

Es gibt zwei Ansatzpunkte zum Erzielen von Kostenvorteilen:

- Ausschöpfung struktureller Kostenunterschiede
- konsequentes Kostenmanagement

Genauso wie bei den Leistungsvorteilen gilt auch bei den Kostenvorteilen, dass sie im Laufe der Zeit verlorengehen können. Kostengünstige Produktionsverfahren können von Konkurrenzunternehmen nachgeahmt werden, so dass das Unternehmen seine relative Kostengünstigkeit verliert. Kostenführerunternehmen müssen also ständig bestrebt sein, neue Kostenvorteile zu generieren, um die vorteilhafte Kostenposition nicht zu verlieren.

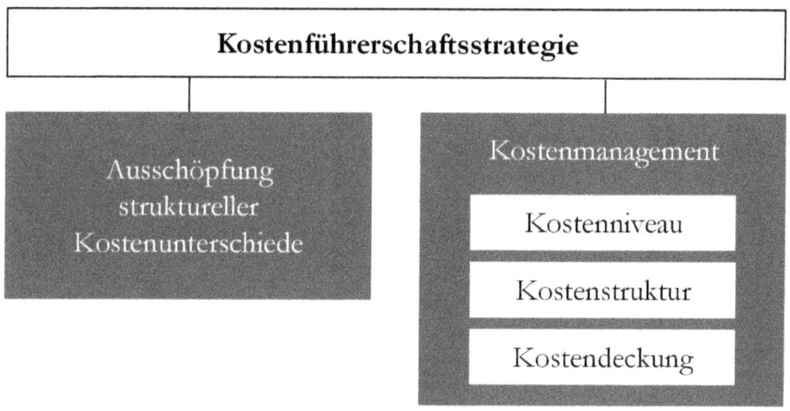

Abb. 12: Kostenführerschaftsstrategie

- **Strukturelle Kostenunterschiede** sind Unterschiede in der Höhe der Kosten verschiedener Unternehmen, die nicht durch das Verhalten der Unternehmen, sondern durch die unterschiedliche Struktur der Unternehmen zu erklären sind. (*Ein vergleichendes Beispiel aus dem sportlichen Bereich: Ein hochgewachsener Basketballspieler mit 2,10 m Körpergröße wird unabhängig vom Trainingsfleiß besser Korbleger machen können als ein Spieler mit nur 1,60 m Körpergröße. Unabhängig vom Verhalten im Training ist hier also die Körpergröße ein struktureller Faktor für die Leistung.)*

Mit Blick auf die Kosten liegt der Strukturunterschied in der Größe des Unternehmens. Diese Größe kann sich z. B. in der produzierten oder abgesetzten Menge, der Zahl der Aufträge, der Zahl der Filialen, der Zahl der Außendienstmitarbeiter, der Zahl der Kunden, der Zahl der bearbeiteten Märkte konkretisieren.

Viele empirische Untersuchungen aus den verschiedensten Branchen belegen die **Skaleneffekte** (auch Erfahrungskurveneffekte, Economies of scale, Gesetz der Massenproduktion), die darin bestehen, dass eine Verdopplung der Größe ein Stückkostenreduktionspotenzial von 20 bis 30 % mit sich bringt.

- Betrachtungsgröße der Skaleneffekte sind die **Stückkosten**, also z. B. die Kosten pro produzierter Einheit, pro Auftrag, pro Filiale oder pro Kunde. Die absoluten Kosten sind selbstverständlich größer, wenn die Größe des Unternehmens wächst; nur die Stückkosten können sinken.
- Bei den Skaleneffekten handelt es sich nicht um eine Gesetzmäßigkeit, die mit wissenschaftlicher Exaktheit eintreten muss, sondern um ein **Potenzial**, das mit großer Wahrscheinlichkeit von dem wachsenden Unternehmen ausgeschöpft werden kann.

Die Kostenführerschaftsstrategie wird auch als **Preis-Mengen-Strategie** bezeichnet, weil es meist große Mengen sind, die es dem Unternehmen ermöglichen, kostengünstiger herzustellen.

Die Skaleneffekte sind auch der Grund, weshalb viele Unternehmen eine Erhöhung ihres Marktanteils anstreben: Ein größerer Marktanteil bedeutet, dass die Auftrags- und Produktionsmengen größer als bei Konkurrenten sind, die Stückkosten damit mutmaßlich geringer und der Gewinn größer. Viele Mischkonzerne haben sich daher in den letzten Jahren entschieden, sich aus denjenigen Märkten zurückzuziehen, in denen ihre strategischen Geschäftseinheiten keinen großen Marktanteil erreichen.

Die Skaleneffekte können so erklärt werden:

- Die höhere Auslastung der Produktionskapazität führt auf der Kostenseite dazu, dass die für die Kapazität entstehenden Fixkosten sich auf eine größere Menge an Produkten, Filialen, Kunden etc. verteilen, so dass die Fixstückkosten sinken. Dieser Effekt wird als **Fixkostendegression** bezeichnet, auch wenn es richtiger Fixstückkostendegression heißen müsste.
- Größere Unternehmen haben die Möglichkeit, wegen ihrer **Marktmacht** und der gewährten **Mengenrabatte** die Produktionsfaktoren zu günstigeren Einkaufspreisen zu beschaffen. Mengenrabatte können von den Lieferanten gerade deswegen gewährt werden, weil auch die Lieferanten Skaleneffekte bei größeren Abnahmemengen realisieren.
- Größere Unternehmen haben aus mehreren Gründen die Möglichkeit, eine höhere **Produktivität** als kleine Unternehmen zu erreichen.
  - Für größere Unternehmen lohnt es, Anlagen und Systeme von hohem technischen Stand (z. B. vollautomatisierte Anlagen, Roboter, Business-Intelligence-Software) einzusetzen, die zwar in absoluten Kosten teuer sind, auf das Stück gerechnet aber eine kostengünstigere Produktion ermöglichen (**Automatisierung**).

- Größere Unternehmen haben wegen der großen Häufigkeit der Prozesse die Möglichkeit der **Rationalisierung**, indem sie ihre Prozesse in einzelne Prozessschritte auftrennen, diese dann einheitlich gestalten (**Standardisierung**) und Mitarbeiter und Abteilungen auf diese Prozessschritte konzentrieren (**Spezialisierung**).
- Größere Unternehmen gewinnen mehr Erfahrung und Übung in den unternehmerischen Prozessen, werden schneller und zuverlässiger in diesen Prozessen und verringern die Zahl der fehlerhaften Prozesse (eigentlicher **Erfahrungskurveneffekt**).

Die Skaleneffekte sind auch die Ursache für die in den Unternehmen vorkommende Entscheidungsproblematik zwischen **Standardisierung oder Differenzierung**. Die Marketing-Abteilung, die sich aus Gründen der Kundenzufriedenheit und Kundenbindung eine große Differenzierung von Produkten und Prozessen wünscht, steht im Konflikt zur Controlling-Abteilung, die mit Blick auf die Kosten eine möglichst große Standardisierung von Produkten und Prozessen präferiert.

Allerdings führt eine steigende Größe des Unternehmens nicht immer zu sinkenden Stückkosten. Ab einer Größe, die im Vorhinein nicht bestimmt werden kann, können die Stückkosten auch wieder steigen. Diese **Kostenkomplexitätsfalle** (auch Diseconomies of large scale) hat ihren Grund darin, dass die Kostenvorteile durch die gewachsene Größe des Unternehmens geringer sind als die Kostennachteile durch die gestiegene Komplexität.

Der Wunsch nach der Erzielung von Skaleneffekten ist der Grund für viele Fusionen von Unternehmen; die Unwirtschaftlichkeiten der zu großen Menge sind häufig der Grund, weshalb bei Fusionen nicht die gewünschten Synergieeffekte auftreten.

Neben der Ausnutzung struktureller Kostenunterschiede ist die konkrete Kostenbeeinflussung durch gutes **Kostenmanagement** wichtig für Kostenführerunternehmen. Es kann an drei Handlungsmöglichkeiten ansetzen:

- Das **Kostenniveau** ist laufend auf das Ziel zu überprüfen, ob die gleiche Produktionsmenge zu niedrigeren Stückkosten hergestellt werden kann, indem
  - Kosten, denen kein Nutzen für das Unternehmen entgegensteht, vermieden werden (z. B. Bruch, Diebstahl, Verderb)
  - Kosten, die nicht vermieden werden können, immer wieder auf mögliche Reduzierungen hin überprüft werden
  - Kosten durch Aufgabenverlagerung innerhalb des Unternehmens insgesamt niedriger werden

- Bei der **Kostenstruktur**, die das Verhältnis von fixen und variablen Kosten beschreibt, streben viele Unternehmen nach einer Flexibilisierung der Kosten. Sie wird erreicht, indem fixe Kosten in variable Kosten umgewandelt werden.

  Im Falle eines Nachfragerückgangs bedeutet dies eine günstigere Situation, weil auch die Kosten entsprechend stärker zurückgehen. In Branchen mit einem hohen Fixkostenanteil (z. B. Automobilhersteller, Luftfahrtgesellschaften) hingegen geraten Unternehmen bei einem Absatzrückgang schnell in den Verlustbereich.

  Diese Umwandlung von fixen in variable Kosten zeigt sich z. B., wenn im Personalbereich Überstunden und Zeitarbeit statt Festanstellung, beim Anlagevermögen Leasing und Miete statt Kauf, und bei Aufgaben Outsourcing statt eigener Erledigung gewählt werden.

- Das Unternehmen muss laufend prüfen, ob gemäß dem Prinzip der **Kostendeckung** nicht zusätzliche Kosten durch zusätzliche Erlöse von den Kostenverursachern beglichen werden können.

  Dies bedeutet eine Abkehr vom herkömmlichen All-inclusive-Prinzip, das in vielen Dienstleistungsbereichen eingesetzt wird und bei dem ein fester Preis unabhängig von der Tatsache gilt, wie viele Dienstleistungen dafür in Anspruch genommen werden (*z. B. bei Fluggesellschaften, die einen festen Preis unabhängig davon verlangen, ob und wie viel die Kunden an Bord essen und trinken, welcher Sitzplatz reserviert wurde, ob eine Kinderschale benötigt wird, ob Gepäck oder Handgepäck mitgenommen wird*).

Stattdessen wird das Cafeteria-Prinzip gewählt, bei dem die Kunden (wie in einer Cafeteria) jede einzelne Leistung einzeln bezahlen. Beim Cafeteria-Prinzip kommen die Verursacher ganz oder teilweise für die durch sie zusätzlich entstandenen Kosten auf (*z. B. bei den Billigfluglinien, bei denen ein günstiger Grundpreis mit zahlreichen Zuschlägen für einzelne Leistungen wie Sitzplatzreservierung, Handgepäck und Essen an Bord kombiniert ist*).

4.4 Marktbearbeitungsstrategien

Ein wichtiges strategisches Marketing-Werkzeug ist die Produkt-Markt-Matrix (Ansoff-Matrix). Sie zeigt die Wachstumsmöglichkeiten eines Unternehmens, indem sie alle Optionen der Marktbearbeitung mit neuen und bestehenden Produkten auf neuen und bestehenden Märkten aufzeigt.

Problematisch an der Produkt-Markt-Matrix ist allerdings die einseitige Wachstumsorientierung, die keine Verringerung von Investitionen (Desinvestition) oder den Rückzug aus etablierten Märkten vorsieht, sowie die Beschränkung auf die beiden Bestimmungsfaktoren Produkte und Märkte.

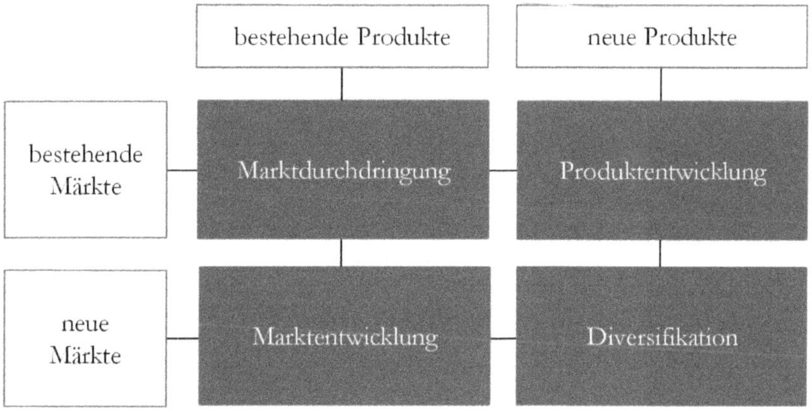

Abb. 13: Produkt-Markt-Matrix

Bei der **Marktdurchdringungsstrategie** hat das Unternehmen das Ziel, mit den derzeitig angebotenen Produkten mehr Erfolg auf den derzeit bearbeiteten Märkten zu haben.

- Der höhere Marktanteil kann erreicht werden, indem bestehende Kunden die Produkte öfter und/oder in größeren Mengen kaufen (**Erhöhung der Verwendungsintensität**). Dazu dienen z. B. eine bessere Produktqualität, zusätzliche Serviceleistungen, neue Vertriebswege, Preisdifferenzierung zum Anreiz größerer Kaufmengen und Verkaufsförderungsmaßnahmen. *(Viele Kaugummihersteller z. B. haben die Darreichungsform von Kaugummi von Streifenkaugummi auf Dragees geändert. Weil die Kunden nun in der Drageedose mehr Kaugummi dabei haben, greifen sie öfter zu einem Kaugummi als früher.)*
- Auch neue Kunden im schon bearbeiteten Markt erhöhen den Marktanteil (**Gewinnung neuer Kunden**). Dazu dienen z. B. die Verbesserung des Produkts, neue Verkaufsargumente und Preisdifferenzierung zur Akquise neuer Kundensegmente, die bislang nicht gekauft haben.

Bei der **Marktentwicklungsstrategie** hat das Unternehmen das Ziel, mit den derzeitig angebotenen Produkten auf den neuen, derzeit noch nicht bearbeiteten Märkten Erfolg zu haben.

- Dies kann gelingen, indem das bestehende Produkt auch an Kunden vermarktet wird, die es für andere Anwendungen nutzen (**neue Verwendungszwecke**) (*z. B. bei einem Akkuschrauber, der mit entsprechenden Aufsätzen auch als Grillfön oder als Gewürzmühle genutzt werden kann*).
- Auch die Gewinnung neuer Kunden in bisher nicht bearbeiteten Märkten sorgt für Wachstum (**neue Verwender**). Das Unternehmen verbreitet also sein Absatzgebiet, indem zusätzliche Regionen und Länder als Absatzgebiete erschlossen werden (*z.B. bei Kölsch-Biermarken, die nun auch außerhalb von Köln*

vermarktet werden; bei deutschen Dienstleistungsunternehmen, die ihre Dienstleistungen auch im österreichischen und französischen Markt anbieten; bei deutschen Handelsunternehmen, die auch Filialen in Schweden und Tschechien betreiben). Wichtiger Anwendungsfall ist daher auch die Expansion in andere Länder (**Internationalisierung**).

Bei der **Produktentwicklungsstrategie** hat das Unternehmen das Ziel, auf den derzeit bearbeiteten Märkten mit neuen Produkten mehr Erfolg zu haben.

- Diese neuen Produkte können veränderte und an die Kundenbedürfnisse besser angepasste Variationen der bislang verkauften Produkte sein (**Produktvariation**). Das alte Produkt wird vom Markt genommen, so dass in diesem Fall die Zahl der angebotenen Produkte konstant bleibt (*z. B. bei einem Nachfolgemodell, das ein bisheriges Modell ersetzt*).
- Diese neuen Produkte können aber auch eine Erweiterung der Produktpalette bedeuten, wenn das Unternehmen ein neues Produkt zusätzlich anbietet (**Produktinnovation**). Dabei kann es sich um Neuheiten, die es bislang auf dem Markt auch von Konkurrenten nicht gibt, oder um Imitationen (Nachahmerprodukte) handeln, die auf dem Markt schon angeboten werden, bislang aber nicht im Produktangebot des betrachteten Unternehmens zu finden waren.

Bei der **Diversifikationsstrategie** hat das Unternehmen das Ziel, mit neuen, bislang nicht angebotenen Produkten neue, derzeit nicht bearbeitete Märkte zu erschließen. Diese Wachstumsstrategie ist ein Ausbruch aus den bisherigen Tätigkeitsfeldern und besonders anspruchsvoll, weil das Unternehmen weder über Erfahrungen mit den Produkten noch mit den Märkten verfügt.

- Das Unternehmen kann Produkte aus vor- oder nachgelagerten Wertschöpfungsstufen anbieten (**vertikale Diversifikation**). *(z. B. ein Automobilhersteller, der nun auch Reifen herstellt und anbietet; ein Hersteller von Tauchzubehör, der nun auch Tauchschulen betreibt und Tauchreisen organisiert; ein Automobilhersteller, der nun auch Carsharing-Anbieter wird und Autos verleiht; ein Versandhandelsunternehmen, das beginnt, große Einkaufszentren zu bauen und zu betreiben).*
- Das Unternehmen kann Produkte anbieten, die sich auf derselben Wertschöpfungsstufe, aber in einer anderen Wertschöpfungskette befinden, und die in einem Zusammenhang mit den bisherigen Unternehmenstätigkeiten stehen (**horizontale Diversifikation**) (*z. B. bei einem Automobilhersteller, der nun auch Motorräder herstellt*).
- Das Unternehmen kann Produkte anbieten, die in keinem Zusammenhang mit den bisherigen Tätigkeitsfeldern stehen (**laterale Diversifikation**) (*z. B. das Stahlbauunternehmen Mannesmann, das in die Telekommunikationsbranche eingestiegen ist*).

4.5 Lebenszyklus-Analyse

Die Lebenszyklus-Analyse basiert auf der Annahme, dass Produkte - wie auch biologisches Leben - einen Lebenszyklus durchlaufen, der von der Markteinführung des Produktes bis zum Verschwinden des Produktes vom Markt reicht. Mitunter wird auch die Entwicklung des Produkts als erste Phase vorangesetzt, weil auch hier schon Kosten für das Produkt (aber keine Erträge) anfallen.

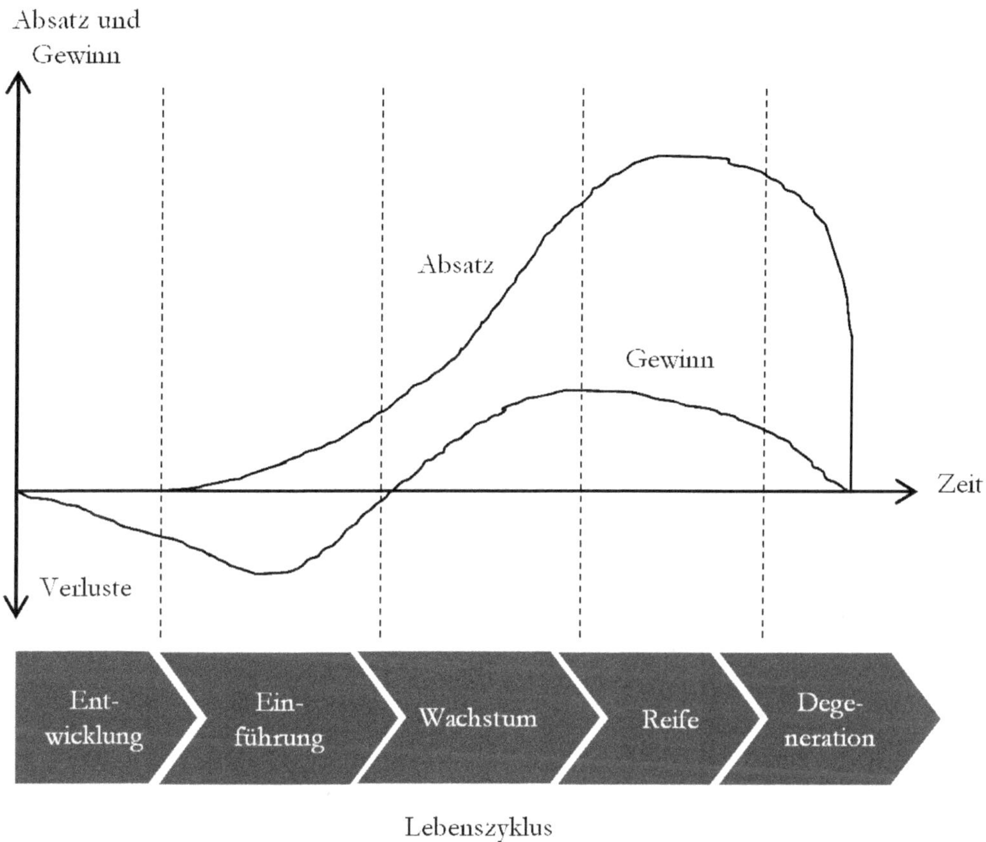

Abb. 14: Lebenszyklus-Analyse

Durch eine Vielzahl von einzelnen Bestimmungsfaktoren (wie die Zahl der neu gewonnen und gebundenen Kunden, die Häufigkeit der Käufe, die Veränderungen der Preise, das Verhalten der Konkurrenzunternehmen) ergibt sich ein typischer Umsatz- und Gewinnverlauf, der in verschiedene Phasen geteilt werden kann:

- Die **Einführungsphase** ist durch geringe Umsätze und langsames Wachstum gekennzeichnet. Aufgabe des Unternehmens ist es, auftretende Produktmängel („Kinderkrankheiten") abzustellen und durch Marketingmaßnahmen die Bekanntheit des Produktes zu vergrößern und Kunden zum Erstkauf zu motivieren.

- In der **Wachstumsphase** wird das Produkt bekannter und beliebter, so dass die Umsätze kräftig anwachsen. Das Unternehmen kann Kunden an das Produkt binden. Zu Beginn der Wachstumsphase wird die Gewinnschwelle erreicht.
- In der **Reifephase** (auch: Sättigungsphase) sinken die Wachstumsraten der Umsätze ab, bis schließlich kein Wachstum mehr erreicht werden kann. Auch die produktbezogenen Gewinne werden nun wieder kleiner. Am Ende der Reifephase kommt es oft vor, dass das Unternehmen mit preisgünstigen Modellen des Produktes dessen Bekanntheit nochmals für Abverkäufe nutzt.
- Die **Degenerationsphase** ist die letzte Phase des Produkts, die im Verschwinden des Produktes vom Markt mündet. Die Umsätze gehen zurück, bevor das Unternehmen entscheidet, das Produkt vom Markt zu nehmen. Dies geschieht entweder, weil das Unternehmen selbst das modernisierte Nachfolgeprodukt auf den Markt bringt (Produktinnovation) oder bessere Konkurrenzprodukte das betrachtete Produkt verdrängen.

Einzelne Produkte haben unterschiedliche Lebenszyklen, die sich durch verschieden große Verweildauern in den einzelnen Phasen und durch unterschiedliche Umsatzniveaus ergeben. *So ist z. B. der Produktlebenszyklus wegen des technischen Fortschritts für elektronische Produkte viel kürzer als für Erfrischungsgetränke. Der Produktlebenszyklus für jahrzehntelang erfolgreiche Produkte wie Nutella und Coca-Cola ist langgestreckt und dauert auf hohem Umsatzniveau an; der Lebenszyklus von erfolglosen Produkten, die bereits nach kurzer Zeit vom Markt genommen wurden, war deutlich kürzer und auf niedrigerem Umsatzniveau.*

Statt eines Produkts können auch Marken und Märkte in ihrer Entwicklung mithilfe der Lebenszyklus-Analyse eingeschätzt werden. Die Verortung von aktuellen Produkten, Marken und Märkten in die Lebenszyklusphasen erleichtert Prognosen und macht den Einsatz von strategischen und operativen Maßnahmen einfacher. Am einfachsten ist die Abgrenzung der Phasen allerdings erst im Nachhinein.

Problematisch ist an der Lebenszyklus-Analyse, dass der idealtypische Verlauf nicht darüber hinwegtäuschen darf, dass unternehmerische Maßnahmen die Entwicklung von Produkten, Marken und Märkten so beeinflussen können, dass es zu einem anderen Verlauf kommt.

4.6 Portfolio-Analyse

Die Portfolio-Analyse gehört zu besonders häufig genutzten Instrumenten des strategischen Marketings, die zur Analyse und zur Planung eingesetzt werden. Sie dient dazu, einzelne Strategische Geschäftseinheiten und Geschäftsfelder,

Produkte, Marken oder Kunden zu betrachten und sie bezüglich ihrer Bedeutung für das Unternehmen und ihrer zukünftigen Chancen und Risiken einzuordnen. Mithilfe der Portfolio-Analyse kann das Unternehmen grafisch darstellen, wie ausgewogen seine Mischung an betrachteten Objekten derzeit ist.

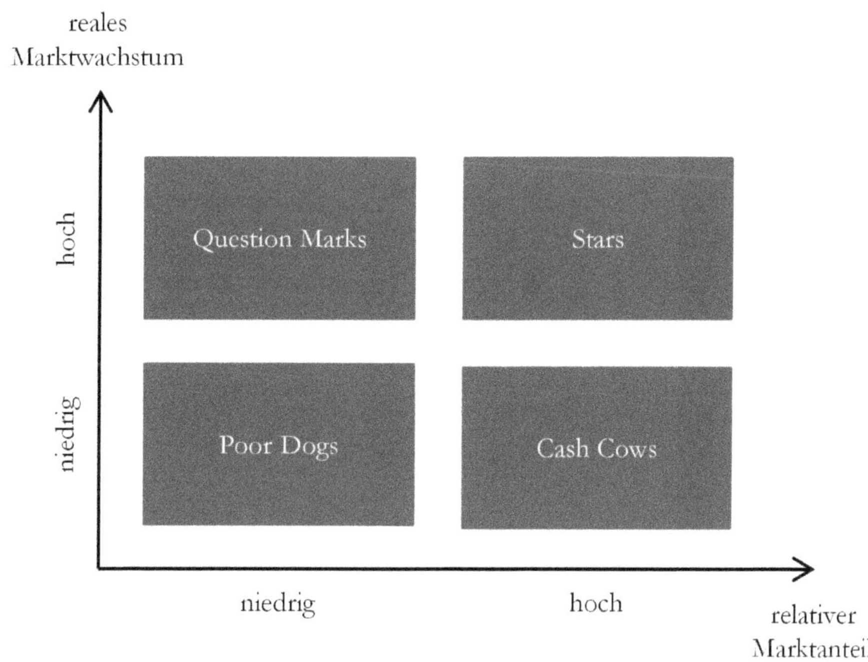

Abb. 15: BCG-Portfolio-Analyse

In der **BCG-Portfolio-Analyse**, die von der Boston Consulting Group entwickelt wurde, werden zwei Kriterien herangezogen, in denen die betrachteten Objekte bewertet werden:

- Das **reale Marktwachstum** gibt an, wie attraktiv der Markt ist, in dem das Unternehmen mit den betrachteten Produkten tätig ist.

  Die in Prozent bemessene Kennzahl sagt aus, wie stark das Marktvolumen (Gesamtumsatz aller Unternehmen in dem Markt) bei Herausrechnung der Preissteigerungen gewachsen ist.

  Hinter der Nutzung des realen Marktwachstums steht das Konzept der Lebenszyklus-Analyse, das zu Beginn des Lebenszyklus ein hohes und am Ende niedriges Marktwachstum vermuten lässt.

- Der **relative Marktanteil** gibt an, wie erfolgreich das Unternehmen mit den betrachteten Produkten im betrachteten Markt ist, wie gut also seine Wettbewerbsposition ist.

  Der relative Marktanteil ist eine in Prozent bemessene Kennzahl, die den Umsatz des betrachteten Unternehmens ins Verhältnis zum Umsatz des desjenigen Konkurrenzunternehmens setzt, das den größten Umsatz hat. Ein relativer Marktanteil von 100 % bedeutet folglich, dass das betrachtete Unternehmen den gleichen Umsatz wie das zweite große Unternehmen im Markt hat. Der Marktführer hat einen relativen Marktanteil, der größer als 100 % ist, weil der größte Konkurrent einen kleineren Umsatz hat. Bei einem relativen Marktanteil von 33 % ist der größte Konkurrent dreimal größer als das betrachtete Unternehmen.

Hinter der Nutzung des relativen Marktanteils steht das Konzept der Skaleneffekte, die bedeuten, dass ein Unternehmen mit großem relativen Marktanteil kostengünstiger produzieren kann als eines, das weniger als seine Konkurrenten herstellt und verkauft.

Gliedert man die beiden Kriterien (reales Marktwachstum, relativer Marktanteil) nun in zwei Ausprägungen (hoch, niedrig), können die strategische Geschäftseinheiten oder Produkte in die sich ergebenden vier Felder positioniert werden. Jedes dieser Felder stellt nun eine bestimmte Situation dar, die auch bestimmte unternehmerische Maßnahmen (Normstrategien) erfordern:

- **Question Marks** (Fragezeichen) sind strategische Geschäftseinheiten oder Produkte, die auf attraktiven, wachsenden Märkten nur eine schwache Wettbewerbsposition haben.

  Meist handelt es sich dabei um Neuheiten auf vergleichsweise jungen Märkten. Geringen und instabilen Umsätzen stehen hohe Entwicklungs- und Markteinführungskosten gegenüber, so dass der Cashflow negativ ist. Es ist Aufgabe des Unternehmens, die Produkte so fortzuentwickeln und zu vermarkten, dass die Umsätze steigen und der relative Marktanteil steigt. Andernfalls wird die Marktentwicklung im Lebenszyklus das Marktwachstum irgendwann verringern und den Markt unattraktiv machen.

- Als **Stars** (Sterne) werden strategische Geschäftseinheiten oder Produkte bezeichnet, die auf attraktiven, wachsenden Märkten eine starke Wettbewerbsposition haben.

  Das Unternehmen erzielt mit den Stars hohe Umsätze, die stabil sind und mitunter sogar wachsen. Der große relative Marktanteil schafft die Möglichkeit zu im Vergleich mit den Konkurrenten kostengünstigen Prozessen. Aufgabe des Unternehmens ist es, die gute Marktstellung durch Investitionen in die Produkte, die Prozesse, die Marke und die Kundenbeziehung zu sichern und auszubauen.

- **Cash Cows** (Geldkühe) sind strategische Geschäftseinheiten oder Produkte, die auf nicht mehr sonderlich attraktiven Märkten eine starke Wettbewerbsposition haben.

Die noch hohen Umsätze wachsen nicht mehr, sondern bleiben bestenfalls stabil oder gehen zurück. Wachstumsinvestitionen machen in dieser Situation keinen Sinn mehr, da der Markt sich auf das Ende seines Lebenszyklus zubewegt. Der Cashflow ist positiv; denn aufgrund des hohen relativen Marktanteils und seiner Erfahrungen ist das Unternehmen in der Lage, die Cash Cows kostengünstig zu produzieren, zumal nur noch Erhaltungsinvestitionen nötig werden.

- **Poor Dogs** (arme Hunde) sind strategische Geschäftseinheiten oder Produkte, die auf nicht mehr attraktiven Märkten nur eine schwache Wettbewerbsposition haben.

  Der Cashflow ist hier bestenfalls neutral, da die Umsätze nur noch gering und zudem instabil sind. Weil der Markt am Ende seines Produktlebenszyklus steht, sollte sich das Unternehmen aus diesem Geschäftsfeld zurückziehen (Desinvestition) – wenn es keine anderen Gründe gibt, die Poor Dogs weiter anzubieten. Sie sind z. B. gegeben, wenn der Verkauf anderer Produkte von den Poor Dogs abhängt (Verbundeffekte) oder die Poor Dogs für das Unternehmen wichtige Imageträger sind.

Die BCG-Portfolio-Analyse hat in den letzten Jahrzehnten zahlreiche Erweiterungen und Veränderungen erfahren. Die bekannteste Erweiterung ist die **McKinsey-Portfolio-Analyse**. Sie ersetzt die zwei vergleichsweise einfachen Kriterien der BCG-Portfolio-Analyse durch einen ganzen Katalog von qualitativen und quantitativen Kriterien. Sie müssen in einem aufwendigen Prozess beurteilt und gewichtet werden, um Aussagen über die Attraktivität des betrachteten Marktes und über die relativen Wettbewerbsvorteile des betrachteten Unternehmens und seiner Produkte treffen zu können.

- Zur Beurteilung der **Marktattraktivität** werden z. B. herangezogen: Marktvolumen, Marktwachstum, Marktrentabilität, Rivalität zwischen den Konkurrenten, Markteintrittsbarrieren, Volatilität der Nachfrage, Produktdifferenzierungsmöglichkeiten, Schnelligkeit der technischen Entwicklung.
- Zur Beurteilung der **relativen Wettbewerbsposition** werden z.B. herangezogen: absoluter und relativer Marktanteil, Wachstum des Marktanteils, Kundenbindung, relative Kostenposition (Kostenhöhe im Vergleich zu Konkurrenten), relative Gewinnposition (Gewinnhöhe im Vergleich zu Konkurrenten), Absicherung durch Patente, Produktionskapazität, Image, Mitarbeiterqualifikation, Führungsqualitäten im Unternehmen.

Bei einer Einteilung der beiden Achsen in drei Ausprägungen (hoch, mittel, niedrig) ergeben sich bei der McKinsey-Portfolio-Analyse neun Felder. Sie können mit Blick auf das Strategische Marketing zu drei Handlungsanweisungen zusammengefasst werden.

In den attraktiven Geschäftsfeldern sollte die gute Marktposition durch Wachstumsinvestitionen erhalten und ausgeweitet werden (**Expansion**). Die in der Mitte positionierten Geschäftsfelder müssen vom Unternehmen genauer betrachtet werden, um die Zukunftsaussichten besser einschätzen zu können und zu entscheiden, ob gezielte Investitionen in ausgewählte Geschäftsfelder erfolgsversprechend sind (**Selektion**). Die unattraktiven Geschäftsfelder sollten abgeschöpft werden und durch Desinvestition verlassen werden (**Abschöpfung**).

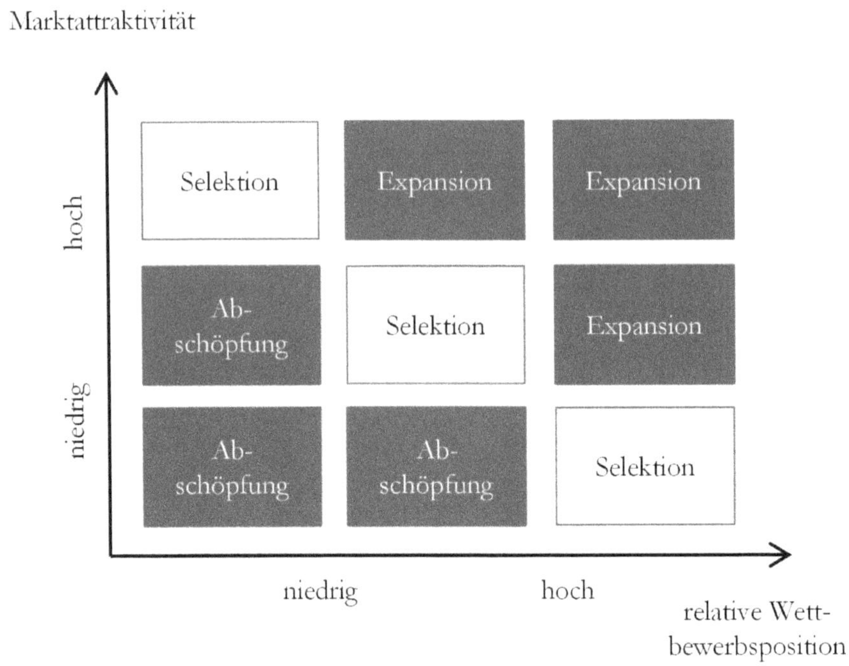

Abb. 16: McKinsey-Portfolio-Analyse

Die Berücksichtigung dieser vielen Einflussfaktoren auf die Marktattraktivität und die relative Wettbewerbsposition macht die McKinsey-Portfolio-Analyse in der Ermittlung komplexer, aber auch aussagekräftiger.

4.7 SWOT-Analyse

Die SWOT-Analyse verbindet als strategisches Marketing-Werkzeug zwei Informationsmengen:

- die Erkenntnisse aus der **Umweltanalyse**, die dem Unternehmen Auskunft über den Status und die Veränderungen in der Unternehmensumwelt sowie die daraus resultierenden Chancen und Risiken gibt
- die Erkenntnisse aus der **Unternehmensanalyse**, die dem Unternehmen Auskunft über die eigenen Stärken und Schwächen gibt.

Dabei stehen die Buchstaben für die entsprechenden englischen Begriffe:

- S für Strengths (Stärken)
- W für Weaknesses (Schwächen)
- O für Opportunities (Chancen, Gelegenheiten)
- T für Threats (Risiken, Gefahren)

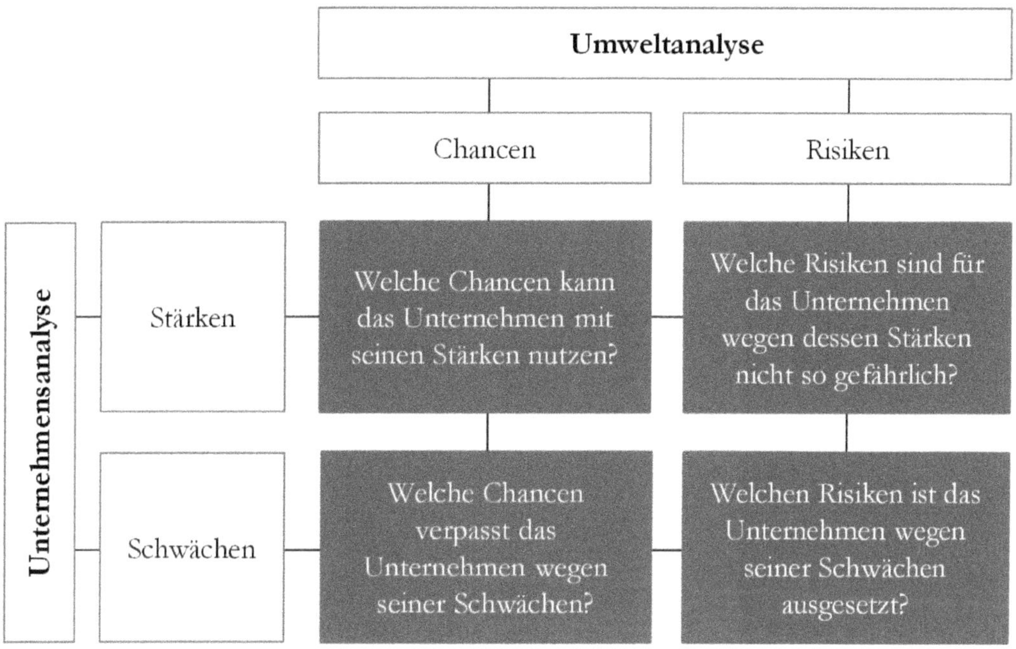

Abb. 17: SWOT-Analyse

Aus der Kombination von Stärken und Schwächen des eigenen Unternehmens sowie den Chancen und den Risiken durch die Unternehmensumwelt ergeben sich vier Fragestellungen, die das Unternehmen im Rahmen des Strategischen Marketings beantworten sollte, um Schlussfolgerungen aus den Antworten zu ziehen:

- Welche Chancen kann das Unternehmen mit seinen Stärken nutzen?
- Welche Risiken sind für das Unternehmen wegen dessen Stärken nicht so gefährlich?
- Welche Chancen verpasst das Unternehmen wegen seiner Schwächen?
- Welchen Risiken ist das Unternehmen wegen seiner Schwächen ausgesetzt?

Die **Umweltanalyse**, die sich aus der Untersuchung der Mikroumwelt und der Makroumwelt zusammensetzt, wird im 2. Kapitel besprochen.

Bei der **Unternehmensanalyse** geht es um die Untersuchung des eigenen Unternehmens auf Stärken und Schwächen. Bedeutende Kompetenzen aus den Bereichen Produkte, Kunden, Prozesse, Führung, Organisation, Controlling, Mitarbeiter und Kosten müssen vom Unternehmen selbstkritisch auf zwei Fragen hin bewertet werden:

- Wie stark oder schwach ist das eigene Unternehmen in einer bestimmten Kompetenz im Vergleich zur Konkurrenz?

  Bei der Bemessung der **relativen Stärke** ist also wichtig, dass das Unternehmen sich nicht absolut, sondern im Vergleich zu Konkurrenzunternehmen einschätzt. Eine Kompetenz, die alle Unternehmen im Markt sehr gut erfüllen, ist keine relative Stärke eines Unternehmens, das sich damit abheben könnte.

  Die relative Stärke eines Unternehmens in einer Kompetenz hängt von zwei Faktoren ab:

  - **Knappheit** der Kompetenz, was bedeutet, dass nicht viele andere Konkurrenzunternehmen oder am besten kein anderes Konkurrenzunternehmen diese Kompetenz hat. *Für einen Smartphone-Hersteller z. B. können das Design und Markenimage eine relative Stärke sein, weil die Konkurrenten in diesen Kompetenzen nicht so gut sind. Die Integration einer Fotokamera ist hingegen keine relative Stärke mehr, weil alle Smartphone-Hersteller dies heute können.*
  - geringe **Reproduzierbarkeit** der Kompetenz, was bedeutet, dass Konkurrenzunternehmen dasselbe Kompetenzniveau nicht einfach durch Nachahmung erreichen können. *Die Nutzung eines effizienten Warenwirtschaftssystems z. B. ist vergleichsweise einfach reproduzierbar, wenn auch Konkurrenten es beschaffen und nach einer Einführungs- und Umstellungsphase einsetzen können; eine Marke mit großer Bekanntheit und positivem Image ist hingegen nicht leicht reproduzierbar, weil es viel Geld und Zeit braucht, eine solche Marke aufzubauen.*

- Wie relevant ist die Kompetenz für den Unternehmenserfolg (**Relevanz**)?

  Hier geht es also darum, die Wichtigkeit der Kompetenz für das Erreichen der unternehmerischen Ziele zu bewerten. *Für einen Automobilhersteller z. B. hat die Kompetenz eines vom Kunden geschätzten modernen Designs einen anderen Stellenwert als die Kompetenz einer effizienten Lagerhaltung von Ersatzteilen.*

Im Zusammenspiel von relativer Stärke und Relevanz können in einer Stärken-Schwächen-Analyse die Kompetenzen des Unternehmens nun einem von vier Feldern zugeordnet werden:

- **Irrelevante Schwächen** sind Schwächen, die keine strategische Bedeutung haben und für das Unternehmen daher auch nicht mit Nachteilen verbunden sind. Sie sind unproblematisch, müssen vom Unternehmen nur dahingehend betrachtet werden, ob sie auch in Zukunft irrelevant bleiben.

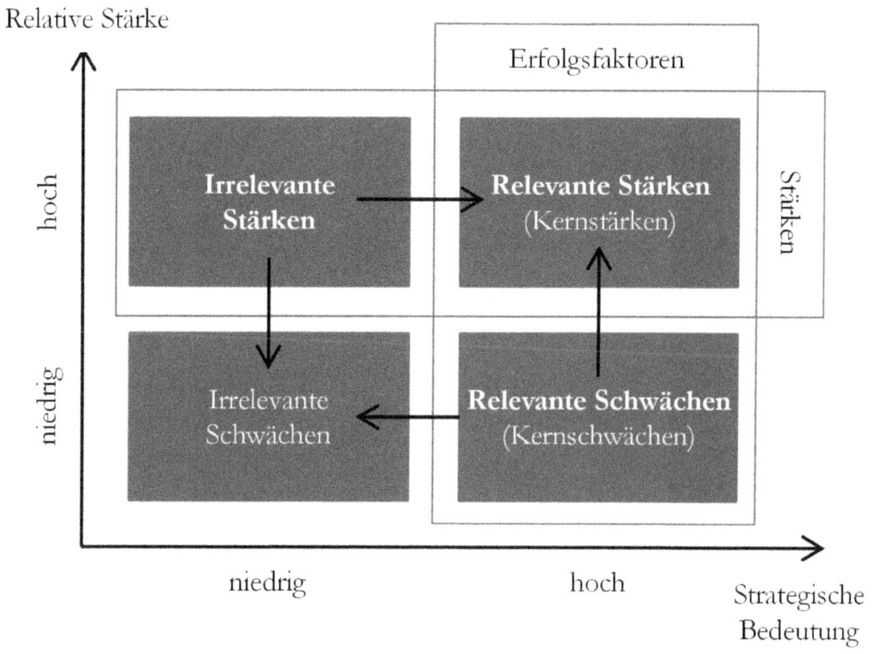

Abb. 18: Stärken-Schwächen-Analyse

- **Irrelevante Stärken** sind Kompetenzen, die das betrachtete Unternehmen gut erfüllt, auch wenn sie nichts oder wenig zur Erreichung seiner Ziele beitragen. Sie sind problematisch, wenn das Unternehmen für deren Erhalt Kosten (Anlage- und Umlaufvermögen, Mitarbeiter) einsetzt.

  Irrelevante Stärken sollten entweder durch Desinvestition zu irrelevanten Schwächen abgebaut werden, um die freiwerdenden Ressourcen besser zu verwenden, oder durch Veränderung des Geschäftsmodells mit strategischer Bedeutung ausgestattet werden, um sie zu relevanten Stärken werden zu lassen.

- **Relevante Schwächen** (Kernschwächen) sind Schwächen, die dem Unternehmen wegen ihrer strategischen Bedeutung gefährlich werden können. Hier ist dringender Handlungsbedarf gegeben.

  Üblicherweise muss das Unternehmen durch Investitionen in die Qualifikation der bestehenden Mitarbeiter, in neue Mitarbeiter als Know-how-Träger und in neue Anlagen und Systeme mit technischem Fortschritt verbessern. Mitunter ist auch eine Veränderung des Geschäftsmodells möglich, welche die strategische Bedeutung der Schwäche verringert.

Relevante Stärken (Kernstärken, Kernkompetenzen) sind es, die beim Kunden Leistungsvorteile oder Preisvorteile bedeuten. Sie müssen durch laufende Investitionen in Mitarbeiter, Anlagen und Systeme abgesichert werden.

4.8 Fragen

Bei der BCG-Portfolio-Analyse werden das reale Marktwachstum und der absolute Marktanteil betrachtet.

☐ richtig ☐ falsch

Bei der Bemessung der Stärke des eigenen Unternehmens ist es wichtig, dass das Unternehmen sich im Vergleich zu Konkurrenzunternehmen einschätzt.

☐ richtig ☐ falsch

Bei der Differenzierungsstrategie versucht das Unternehmen, etwas Besonderes, vielleicht Einzigartiges anzubieten, das die Kunden wertschätzen.

☐ richtig ☐ falsch

Bei der Marktentwicklungsstrategie hat das Unternehmen das Ziel, mit den derzeitig angebotenen Produkten auf neuen Märkten Erfolg zu haben.

☐ richtig ☐ falsch

Die Ursache für die Diseconomies of scale ist die hohe Komplexität bei zu großen Produktionsmengen.

☐ richtig ☐ falsch

Ein Wettbewerbsvorteil ist ein Vorteil, den ein Unternehmen bei sich selbst gegenüber Wettbewerbern sieht.

☐ richtig ☐ falsch

Eine Situation von sowohl Kosten- als auch Leistungsführerschaft bezeichnet man als Outstanding.

☐ richtig ☐ falsch

Fixe Kosten verändern sich nicht mit der Produktionsmenge, sondern nur mit der Produktionskapazität.

☐ richtig ☐ falsch

Fixkostendegression meint den Effekt, dass bei höherer Produktionsmenge die Fixkosten sinken.

☐ richtig ☐ falsch

Flexibilisierung von Kosten bedeutet die Umwandlung von variablen Kosten in fixe Kosten.

☐ richtig ☐ falsch

Hybrides Käuferverhalten bedeutet, dass viele Konsumenten nur noch günstige Produkte einkaufen.

☐ richtig ☐ falsch

In der BCG-Portfolio-Analyse sind Question Marks Produkte, die auf attraktiven Märkten eine starke Wettbewerbsposition haben.

☐ richtig ☐ falsch

Irrelevante Stärken eines Unternehmens sind immer unproblematisch.

☐ richtig ☐ falsch

Kostenmanagement umfasst ausschließlich Veränderungen bei Kostenniveau und Kostenstruktur.

☐ richtig ☐ falsch

Marktdurchdringung heißt, den Absatz bestehender Produkte auf bestehenden Märkten zu verstärken.

☐ richtig ☐ falsch

Preisführerschaft muss auf Dauer mit Kostenführerschaft einhergehen.

☐ richtig ☐ falsch

Skaleneffekte bedeuten, dass eine Verdopplung der Produktionsmenge zwingend zu einer Stückkostenreduktion von 20 bis 30 % führt.

☐ richtig ☐ falsch

Skaleneffekte sind ein Grund, warum viele Unternehmen ihren Marktanteil erhöhen möchten.

☐ richtig ☐ falsch

Strategische Geschäftseinheiten sind Teilbereiche des Unternehmens, die unabhängig von anderen Teilbereichen des Unternehmens auf Märkten Produkte anbieten.

☐ richtig ☐ falsch

Wenn ein Unternehmen Produkte aus vor- oder nachgelagerten Wertschöpfungsstufen anbietet, spricht man von horizontaler Diversifikation.

☐ richtig ☐ falsch

4.9 Prüfungstipps

Welchen Prüfungstipp kann ich aus diesem Abschnitt ziehen?

In Prüfungen wird häufig gefordert, ■ Leistungsvorteil und Preisvorteil zu definieren und voneinander abzugrenzen ■ Beispiele für Leistungsvorteile zu benennen ■ die Gründe für strukturelle Kostenunterschiede zu erläutern ■ die Marktbearbeitungsstrategien systematisch darzustellen ■ die Lebenszyklus-Analyse zu erläutern ■ die Portfolio-Analyse mit ihren vier Feldern darzustellen und die Normstrategien dazu zu benennen ■ die Fragestellungen der SWOT-Analyse zu erklären.

Schritt 5:

Produkt- und Programmpolitik

Lernhinweise

Was erwartet mich in diesem Kapitel?

In diesem Kapitel wird der erste Bereich des Marketing-Mixes, die Produkt- und Programmpolitik, besprochen. Sie ist für die Gestaltung der Produkte zuständig.

Welche Schlagwörter lerne ich kennen?

■ Produktpolitik ■ substanzieller, erweiterter und generischer Produktbegriff ■ Zusatznutzen ■ Nutzentreiber ■ Produktvariation ■ Produktdifferenzierung ■ Gender-Marketing ■ Ethno-Marketing ■ Servicepolitik ■ Verpackungspolitik ■ Sortiment ■ Sortimentspolitik ■ Sortimentsbreite ■ Sortimentstiefe ■ Programm ■ Programmpolitik

Wofür benötige ich dieses Wissen?

Die Instrumente der Produkt- und Programmpolitik werden in Unternehmen dazu eingesetzt, die Sachgüter und Dienstleistungen in all ihren Facetten so zu gestalten, dass die Kundenbedürfnisse möglichst gut erfüllt werden können.

5.1 Begriff

Produktpolitik
Die Produktpolitik als Teil des Marketing-Mixes umfasst alle Entscheidungen und Maßnahmen, welche die Gestaltung des Leistungsprogramms umfassen.

Zum Leistungsprogramm eines Unternehmens gehören Sachgüter, Dienstleistungen und Rechte. Der produktpolitische Gestaltungsspielraum erstreckt sich auf drei Ebenen, deren eindeutige Abgrenzung nicht immer möglich ist:

Der **substanzielle Produktbegriff** (auch Grundleistung oder Kernleistung) umfasst jene Leistungsbestandteile eines Produkts, die für den Kunden selbstverständlich sind und beim Kunden den Grundnutzen stiften.

Der **erweiterte Produktbegriff** beinhaltet zusätzlich auch noch den Zusatznutzen, der über die Befriedigung des Grundnutzens hinausgeht, z. B. durch Verpackung und produktbegleitende Dienstleistungen.

Der **generische Produktbegriff** enthält den gesamten von Kunden empfundenen Nutzen eines Produkts und damit zusätzlich zum erweiterten Produktbegriff auch noch den emotionalen Zusatznutzen (Erbauungsnutzen) sowie den sozialen Zusatznutzen (Geltungsnutzen).

Bei einem Auto z. B. liegt der Grundnutzen in der Tatsache, dass es anspringt und von Ort zu Ort fährt. Der Zusatznutzen des erweiterten Produktbegriffs ergibt sich aus der Größe des Kofferraums, einer dort positionierten Steckdose und einer Mobilitätsgarantie, die der Hersteller gewährt. Der emotionale Zusatznutzen liegt in der Freude, die der Kunde am Design und am Fahrgefühl hat, der soziale Zusatznutzen besteht darin, dass andere ihn wegen des teuren Autos bewundern oder ihm wegen des Elektroantriebs soziale Anerkennung zuteil wird.

5.2 Nutzentreiber

Nutzentreiber
Ein Nutzentreiber ist eine Produkteigenschaft, die wichtig ist, weil sie beim Kunden dessen Nutzen bei der Produktnutzung stark beeinflusst.

Die Nutzentreiber sind für den Kunden unterschiedlich gut zu erkennen:

- Bei vielen Sachgütern überwiegen als Nutzentreiber die **Prüfqualitäten**. Das bedeutet, dass nicht erst nach der Nutzung, sondern auch schon vor der Nutzung des Produkts dessen Nutzen für den Kunden einschätzbar ist. Dies ist z. B. bei Bekleidung anhand von Design, Schnitt, Stoffqualität, Marke, bei

Schmuck anhand von Aussehen, Edelmetallgehalt, Größe des Diamanten und bei Möbeln anhand von Design, Holz- und Stoffqualität sowie Funktionalität möglich.

- Bei Dienstleistungen wie z. B. einem Essen in einem Restaurant, einem Haarstyling bei einem Frisör und der Kinderbetreuung bestehen die Nutzentreiber vor allem aus **Erfahrungsqualitäten**. Dies bedeutet, dass der Kunde den Nutzen der Dienstleistung vor deren Nutzung noch nicht kennt, nach der Nutzung aber schon. Der Kunde muss also erst die Erfahrung der Dienstleistung machen, um einzuschätzen, wie nützlich sie ist. Bei Erfahrungsqualitäten bitten Unternehmen ihre Kunden oft, öffentliche Bewertungen im Internet abzugeben, damit potenzielle Kunden von den positiven Erfahrungen Kenntnis nehmen.
- Bei Dienstleistungen wie Rechtsberatung beim Anwalt, Diagnosen beim Arzt oder Reparatur in der Autowerkstatt dominieren die **Vertrauensqualitäten**, weil der Kunde den Nutzen der Dienstleistung weder vor noch nach deren Nutzung richtig einschätzen kann. Er muss auf die Qualität dieser Nutzentreiber vertrauen. Unternehmen versuchen bei Vertrauensgütern oft, das Vertrauen beim Kunden zu schaffen, indem sie den Kunden zeigen, dass sie sich von unabhängigen Prüfern haben untersuchen lassen. Dies geschieht beispielsweise bei der Einhaltung von ISO-Standards. Bei Medizinprodukten und Arzneimitteln sind die Zulassung und regelmäßige Audits vom Gesetz vorgeschrieben.

5.3 Produktvariation und Produktdifferenzierung

Produktvariation
Produktvariation bezeichnet die Veränderung von bereits im Produktprogramm enthaltenen Produkten im Laufe der Zeit, wobei das bisherige Produkt durch das neue Produkt ersetzt wird.

Anlass für eine Produktvariation ist die Veränderung von Kundenbedürfnissen, die technische oder ästhetische Alterung der bisherigen Produkte, die Markteinführung neuer Konkurrenzprodukte oder die Bestimmung neuer gesetzlicher Anforderungen an die Produkte.

Dadurch, dass das alte Produkt vom Markt genommen wird, bleibt bei einer Produktvariation (im Gegensatz zu einer Produktdifferenzierung) die Gesamtzahl der vom Unternehmen angebotenen Produkte gleich.

Produktdifferenzierung
Produktdifferenzierung ist die Schaffung einer weiteren Produktvariante als zusätzliches Angebot.

Bei einer Produktdifferenzierung erhöht sich also die Zahl der angebotenen Produkte, indem weitere Varianten auf den Markt gebracht werden.

Die Beispiele für Produktdifferenzierung sind vielfältig:

- *normales Bier, Premium-Bier, alkoholfreies Bier, kalorienreduziertes Bier, Biermischgetränke*
- *Hautcreme für Junge, Alte, Männer und Frauen*
- *Lebensmittel mit verschiedensten Geschmacksrichtungen, als Bio-Lebensmittel, mit fair gehandelten Zutaten, als kalorienreduzierte Lebensmittel*
- *Spielzeugpuppen im deutschen, französischen, amerikanischen und japanischen Look*
- *Waschmittel für normale Wäsche, bunte Wäsche, feine Wäsche, Wollwäsche, weiße Wäsche und schwarze Wäsche; Waschmittel in den Darreichungsformen Pulver, Flüssigkeit, Tabs und Perlen*

Anlass für eine Produktdifferenzierung kann der Wunsch nach einer besseren Bedürfnisbefriedigung für ein Kundensegment (höhere Zielgruppenadäquanz) oder die Realisierung von Mengeneffekten durch den Verkauf weiterer Produktvarianten sein.

Problem bei der Produktdifferenzierung ist die dadurch steigende Komplexität, die Kosten verursacht, sowie die Gefahr einer Imageverwässerung, wenn die Produktvariation die vom Kunden wahrgenommene Alleinstellung der bisherigen Produkte abschwächt.

Der Extremfall der Produktdifferenzierung ist die **Mass-Customization** (kundenindividuelle Massenproduktion). Hier hat der Kunde die Möglichkeit, ein Produkt individuell zu konfigurieren, das anschließend mit den Methoden der Massenfertigung kostengünstig hergestellt wird. So sollen die Kostenvorteile der Massenproduktion ebenso genutzt werden wie die Vorteile einer möglichst großen Übereinstimmung der Produkte mit den Kundenwünschen *(z. B. ein industriell gefertigter Maßanzug mit Auswahlmöglichkeit der Stoffe, Knöpfe und Schnitte; ein Fahrzeug mit zahlreichen Zubehöroptionen zur individuellen Gestaltung durch den Kunden; eine Müslimischung, die in seiner Zusammensetzung vom Kunden bestimmt wird; eine Tafel Schokolade, die nach Wunsch des Kunden mit einem individuellen Foto und einem individuellen Gruß verschickt wird).*

Produktvariation und Produktdifferenzierung sind Aufgaben der **Produktentwicklung** (Forschung und Entwicklung, F&E, Research and Development, R&D). Dabei können neue und veränderte Produkte (**Produktinnovationen**) wie auch **Prozessinnovationen** von unternehmensinternen oder unternehmensexternen Quellen angeregt sein.

Unternehmensinterne Quellen der Produktinnovation sind

- über ein betriebliches Vorschlagswesen alle Mitarbeiter
- die Mitarbeiter des Forschungsbereichs, die Technologietrends kennen
- die Außendienst- und Kundendienstmitarbeiter, die über Verkaufsgespräche, Service-Hotline und Reparaturdienst die Bedürfnisse der Kunden kennen
- die Mitarbeiter des Beschwerdemanagements, die ebenfalls Erkenntnisse über die Erwartungen der Kunden haben.

Unternehmensexterne Quellen sind

- die Kunden bei direkten Befragungen, durch Befragung von Focus-Gruppen mit Kunden, bei Beobachtung der Kunden während der Produktnutzung und durch unaufgeforderte Kundenanregungen
- die Konkurrenten mit ihren Produktinnovationen, die angekündigt und auf den Markt gebracht werden
- Produktinnovationen auf anderen Märkten, die übertragen werden könnten
- technologische Entwicklungen
- Experten, die sich mit den Entwicklungen der Branche auskennen
- Untersuchungsergebnisse und Prognosen von Trend- und Marktforschungsinstituten und Unternehmensberatungen.

5.4 Gender-Marketing und Ethno-Marketing

Gender-Marketing ist der Begriff für ein Marketing, bei dem die Unterschiede im Verhalten zwischen Männern und Frauen eine bedeutsame Rolle spielen. Neben der Kommunikationspolitik (vor allem Werbung) sind vor allem die Produktpolitik und die Markenpolitik von den Auswirkungen des Gender-Marketings betroffen, das Ursache einer starken Produktdifferenzierung sein kann.

Der Grund für das Gender-Marketing liegt in der Tatsache, dass das Kaufverhalten von Männern und Frauen sich in den letzten Jahrzehnten gewandelt hat. Die hergebrachten Konsummuster sind nicht mehr gültig: Auch Männer kaufen Kosmetik und Haushaltswaren; auch Frauen interessieren sich für Autos, technische Produkte und Heimwerkerartikel im Baumarkt.

- Beim **sichtbaren Gender-Marketing** findet die Spezialisierung der Sachgüter und Dienstleistungen für Männer oder Frauen ihren Ausdruck meist schon im Namen des Produkts, dem Design, der Verpackung und den Werbebotschaften (*z. B. bei Kosmetik „for men" sowie bei Männer- und Frauennassrasierern wie „Gillette Fusion" und „Venus"*). Sichtbares Gender-Marketing wird häufig bei Konsumgütern des täglichen Bedarfs eingesetzt. Das Problem dabei ist, dass die

Beschränkung auf ein Geschlecht als Kundengruppe das andere Geschlecht ausgrenzt. Das kann auch bei Produkten passieren, die ursprünglich gar nicht für ein Geschlecht spezifiziert sein sollten *(z. B. bei Coca-Cola light und dem (mittlerweile vom Markt genommenen) VW Beetle, die in der Wahrnehmung vieler Männer als Frauenprodukte gelten und schon alleine deswegen nicht von Männern gekauft werden. Dieser Wahrnehmung als Frauenprodukte wurde von den Unternehmen durch die Schaffung einer zweiten kalorienreduzierten Marke für Männer, Coca-Cola Zero, und durch ein Face-Lift des VW Beetle als sportlicheres Auto begegnet.)*

- Beim **unsichtbaren Gender-Marketing** werden die Produkte so gestaltet, dass sie von beiden Geschlechtern gleichermaßen gekauft und genutzt werden. Häufig wird das unsichtbare Gender-Marketing bei technischen Geräten, Werkzeugen, Smartphones und Autos eingesetzt. Produktdesign, Produkteigenschaften und werbliche Ansprache integrieren auch weibliche Anforderungen, ohne dass das Produkt deswegen schon als Frauenprodukt wirkt und gilt (*z. B. beim Bosch-Akkuschrauber Ixo, der in den typischen Bosch-Farben, aber mit etwas rundlich-gefälligeren Formen gestaltet ist, und der in der Werbung und auf seiner Homepage während der Nutzung sowohl mit Männern als auch mit Frauen gezeigt wird*).

Das **Ethno-Marketing** legt besonderes Augenmerk auf die Anforderungen, welche die schwer zu definierende Zielgruppe der Ausländer an das Marketing der Unternehmen stellt. Auch hier ist neben der Kommunikationspolitik *(z. B. bei Werbung, die Ausländer ansprechen soll und deswegen in deren Heimatsprache gestaltet ist)* vor allem die Produktpolitik betroffen.

Ethno-Marketing kann Ursache von Produktdifferenzierung sein, um die Produkte attraktiver für die Zielgruppe der Ausländer zu machen (*z. B. bei Lebensmitteln, die zusätzlich auch in Varianten angeboten werden, die den Regeln des Islams oder des Judentums entsprechen, oder bei Handelsunternehmen, die in Einzugsgebieten mit hohem Ausländeranteil zusätzliche ausländische Produkte ins Sortiment aufnehmen und so die Sortimente differenzieren*).

5.5 Servicepolitik

Servicepolitik
Die Servicepolitik als Teil der Produkt- und Programmpolitik umfasst alle Maßnahmen und Entscheidungen, welche die Gestaltung von ergänzenden Dienstleistungen betreffen.

Ob ein Unternehmen zu den eigentlichen Produkten ergänzende Dienstleistungen anbietet, hängt vom Produkt sowie vom Bedarf und der Zahlungsbereitschaft der Kunden ab.

Die ergänzenden Dienstleistungen können danach unterschieden werden, ob sie für die Zeit vor dem Kauf (Pre-Sales-Services) oder nach dem Kauf (After-Sales-Service) und ob sie im kaufmännischen Bereich oder im technischen Bereich angeboten werden.

- **Kaufmännische Pre-Sales-Service** sind z. B. Beratung vor dem Kauf, Produktmuster und Kostenvoranschläge.
- **Technische Pre-Sales-Service** sind z. B. technische Beratung und die Planung von Anlagenprojekten.
- **Kaufmännische After-Sales-Service** sind z. B. Gebrauchsanweisungen in verschiedenen Medien, Anlieferungsservice, Schulungen über die Produkte, eine Telefonhotline für Kunden sowie zusätzliche Garantieversicherungen.
- **Technische After-Sales-Service** sind z. B. die Installation und Montage, die Wartung, die Reparatur, die Erweiterung, der Umbau und die Demontage von technischen Anlagen und Fahrzeugen, ein Ersatzteilservice sowie Entsorgung gebrauchter Produkte.

5.6 Verpackungspolitik

Verpackungspolitik
Die Verpackungspolitik als Teil der Produkt- und Programmpolitik umfasst alle Maßnahmen und Entscheidungen, welche die Gestaltung der Verpackungen betreffen.

Die Verpackung übernimmt nicht nur Funktionen im Rahmen der Logistik, sondern auch im Rahmen des Marketings. Die Verpackung kann so gestaltet werden, dass dadurch auch das verpackte Produkt attraktiver erscheint.

- **Informations- und Kommunikationsfunktion**: Die Verpackung dient dazu, Informationen über das verpackte Produkt wie Markenzeichen, Markennamen, Abbildungen, Funktionsangaben, Nährwertangaben, Zutatenlisten, technische Einzelheiten und Details zur Produktion darzubieten. Außerdem können Kommunikationswege wie Internetseiten, Facebook-Profile und Telefonhotlines angegeben sein *(z. B. die Verpackungsgestaltung bei Lebensmitteln und Elektroartikeln).*
- **Schutzfunktion**: Die Verpackung kann das Produkt besonders gut und mehr als aus logistischen Gründen nötig schützen, um den besonderen Wert des verpackten Gutes deutlich zu machen *(z. B. eine Premium-Kreditkarte, die in einer aufwendigen Samtschatulle an den Kunden verschickt wird, oder ein Orangensaft, der zum tatsächlichen oder vermeintlichen Schutz der Vitamine in einer braunen Glasflasche verpackt ist).*

- **Distributionsfunktion**: Die Umverpackung von verpackten Produkten kann von Herstellerunternehmen so gestaltet sein, dass Handelsunternehmen sie gut und einfach zur Warenpräsentation gebrauchen können *(z. B. eine Umverpackung, die durch einfaches und schnelles Aufreißen im Supermarkt zu einer Präsentationsbox wird).*
- **Conveniencefunktion**: Die Verpackung kann so gestaltet sein, dass die Verwendung der Verpackung oder des Produkts für den Kunden besonders vorteilhaft und bequem ist. Dies gilt z.B. bei einer einfachen Öffnung der Verpackung *(z. B. bei aufreißbaren Verpackungen)*, der Wiederverschließbarkeit der Verpackung (*z. B bei Milchpackungen mit Drehverschluss, Tiefkühlbeuteln mit Klippverschluss und Wurstpackungen mit klebendem Rand*), der Weiterverwendung der Verpackung (*z. B. bei einer Keksdose mit Frühlingsmotiven und einer nachfüllbaren Trinkflasche*) und der integrierten Bereitstellung von Hilfsmitteln zur Nutzung des Produktes (*z. B. bei einer Saftverpackung mit Strohhalm oder einer Verpackung des Kartoffelsalats mit integriertem Plastiklöffel*).
- **Markierungsfunktion**: Die Verpackung kann so gestaltet sein, dass auch sie dabei hilft, dass das Produkt vom Kunden als Markenprodukt identifiziert wird (*z. B. bei vielen Parfum-Flacons, der Coca-Cola-Flasche, der Toblerone-Schokolade, der Ritter-Sport-Schokolade und der WC-Ente*).

5.7 Sortimentspolitik

Sortimentspolitik
Die Sortimentspolitik als Teil der Produkt- und Programmpolitik umfasst alle Maßnahmen und Entscheidungen, welche in einem Handelsunternehmen die Gestaltung des Sortiments betreffen.

Das **Sortiment** ist die Gesamtheit aller Güter, die ein Handelsunternehmen zu einem bestimmten Zeitpunkt auf dem Absatzmarkt anbietet. Es kann sich in der Zusammenstellung an einem oder mehreren verschiedenen Kriterien orientieren:

- Stoff *(z. B. beim Schokoladengeschäft oder Schraubenhändler)*
- Herkunft *(z. B. beim Lebensmittelgeschäft mit ausschließlich französischen Produkten)*
- Bedarf *(z. B. beim Handelsunternehmen „Alles für das Kind“ oder einem Nahversorger mit allen Gütern des täglichen und dringlichen Bedarfs)*
- Anspruchsniveau *(z. B. beim gehobenen Bekleidungsgeschäft oder einem Feinkostgeschäft)*
- Preislagen *(z. B. beim 1-Euro-Laden oder einem exklusiven Juwelier)*
- Selbstverkäuflichkeit *(z. B. beim Automatenverkauf)*

- Konkurrenz *(z. B. beim Lebensmitteleinzelhandel als Reaktion auf eine Sortimentserweiterung bei einem Konkurrenten)*

Das **Kernsortiment** umfasst die Produkte, bei denen das Handelsunternehmen seinen Schwerpunkt der Markttätigkeit hat (*z. B. bei einem Lebensmitteleinzelhändler die Güter des täglichen Bedarfs oder bei einem Schuhhändler die Schuhe*).

Das **Zusatzsortiment** umfasst weitere Angebote, die das Kernsortiment ergänzen (*z. B. bei einem Lebensmitteleinzelhändler Handytarife und Reisen oder bei einem Schuhhändler Schnürsenkel, Schuhcreme und Süßigkeiten an der Kasse*).

Neben dem **Standardsortiment**, das jederzeit vom Handelsunternehmen angeboten wird, kann es ein **Saisonsortiment**, das nur in bestimmten Monaten angeboten wird (*z. B. im Lebensmitteleinzelhandel Grillfleisch im Sommer, Glühwein im Winter und Osterartikel im Frühjahr*) oder ein **Aktionssortiment**, das nur für kurze Zeit (bis zum Abverkauf) angeboten wird (*z. B. im Lebensmitteleinzelhandel die wöchentlich wechselnden Food- und Non-Food-Angebote*), geben.

Weitere Entscheidungsfelder der Sortimentspolitik sind:

- Vergrößerung des Sortiments (**Sortimentserweiterung**)
- Verkleinerung des Sortiments (**Sortimentsbereinigung**)
- Angebot von Herstellermarken und Handelsmarken

Bei der Beschreibung und Gestaltung des Sortiments können verschiedene Dimensionen unterschieden werden:

- Die **Sortimentsbreite** bezeichnet die Anzahl verschiedener Warengruppen, die ein Handelsunternehmen im Sortiment führt. Eine Warengruppe setzt sich aus Artikeln zusammen, die thematisch zusammengehören. Hat ein Handelsunternehmen viele verschiedene Warengruppen – also Produkte verschiedener Kategorien – spricht man von einem breiten Sortiment. Konzentriert sich das Handelsunternehmen dagegen auf wenige Produktarten, handelt es sich um ein schmales (enges) Sortiment.

  In der Regel bedingt eine größere Sortimentsbreite eine geringere Sortimentstiefe, das heißt, die Auswahl innerhalb bestimmter Warengruppen im Hinblick auf Modellvielfalt, Qualitäten, Preislagen, Größen nimmt zugunsten der Vielzahl unterschiedlicher Waren („Alles unter einem Dach") ab. Die Sortimentsbreite kann durch die Listung neuer bzw. Auslistung vorhandener Warengruppen vergrößert bzw. verkleinert werden.

- Die **Sortimentstiefe** bezeichnet die Anzahl verschiedener Artikel innerhalb einer Warengruppe, die ein Handelsunternehmen im Sortiment führt. Die Sortimentstiefe hängt davon ab, wie viele Varianten an Artikeln (z. B. verschiedene Typen, Größen, Farben, Qualitätsstufen) in einer Warengruppe angeboten werden. Hier können ein tiefes und ein flaches Sortiment unterschieden werden.

In der Regel bedingt eine höhere Sortimentstiefe eine geringere Sortimentsbreite, das heißt die Vielzahl unterschiedlicher Waren („Alles unter einem Dach") nimmt zugunsten der Auswahl innerhalb bestimmter Warengruppen im Hinblick auf Modellvielfalt, Qualitäten, Preislagen, Größen ab.

- **Sortimentsmächtigkeit** bezeichnet die Anzahl der Stücke pro Sorte, die ein Handelsunternehmen im Sortiment führt. Eine hohe Sortimentsmächtigkeit erzielt bei Kunden eine hohe Aufmerksamkeitswirkung. Fehlt jedoch die entsprechende Nachfrage, führt dies zu einer sinkenden Flächenproduktivität sowie steigenden Kosten infolge der hohen Kapitalbindung.

  Durch Verkürzung der Bestellzyklen und damit häufige Belieferungen lässt sich die Sortimentsmächtigkeit reduzieren. Dies erfordert jedoch eine häufige Bestandsaufnahme. Durch fundierte Marktforschung und damit eine höhere Prognosegenauigkeit können die Warenbestände genauer an der Nachfrage ausgerichtet werden.

5.8 Programmpolitik

Programmpolitik
Die Programmpolitik als Teil der Produkt- und Programmpolitik umfasst alle Maßnahmen und Entscheidungen, welche die Gestaltung der gesamten Angebotspalette eines Unternehmens betreffen.

Die Programmpolitik ist also nicht für die Gestaltung einzelner Produkte verantwortlich, sondern bestimmt über Umfang und Struktur des gesamten Angebots sowie den Zusammenhang der einzelnen Produkte. Dieser Zusammenhang kann hergestellt werden durch Dachmarken, aufeinander bezogene Produktnamen und gemeinsame Designelemente.

Automobilunternehmen z. B. gestalten ihre gesamte Angebotspalette häufig derart, dass die Autos wiedererkennbare Designelemente haben (wie beim Kühlergrill) und im Sinne einer Reihenfolge namentlich aufeinander bezogen sind (z. B. Audi A1, A2, A3, A4, A5, A6, A7, A8 oder Mercedes-Benz A-Klasse, B-Klasse, C-Klasse, E-Klasse, S-Klasse, G-Klasse, R-Klasse, M-Klasse). Der Süßwarenhersteller aber entscheidet sich im Rahmen seiner Programmpolitik dafür, dass alle Produkte unterschiedliche Markennamen und Farben erhalten, so dass kein Zusammenhang zwischen den Produkten für den Kunden erkennbar ist.

Ebenso wie bei der Sortimentspolitik beeinflusst die Programmpolitik das Programm in der Programmbreite und in der Programmtiefe.

- **Programmbreite** ist die Anzahl der Produktlinien.
- **Programmtiefe** ist die Anzahl der Varianten innerhalb einer Produktlinie.

Bei der Gestaltung des Programms orientieren sich Unternehmen meist

- als **Produktspezialist** an der Kompetenz des Unternehmens mit größerer Programmtiefe und geringerer Programmbreite
- als **Kundenspezialist** am Bedarf der Kundengruppe mit größerer Programmbreite und geringerer Programmtiefe.

5.9 Fragen

Bei Produktdifferenzierung besteht die Gefahr der Image-Verwässerung.

☐ richtig ☐ falsch

Bei Prüfqualitäten kann der Kunde deren Nutzen vor und nach der Nutzung des Produkts einschätzen.

☐ richtig ☐ falsch

Der soziale Zusatznutzen wird auch Geltungsnutzen genannt.

☐ richtig ☐ falsch

Die eigenen Mitarbeiter sind keine geeignete Quelle bei Produktinnovationen.

☐ richtig ☐ falsch

Die Sortimentstiefe bezeichnet die Anzahl verschiedener Warengruppen, die ein Handelsunternehmen im Sortiment führt.

☐ richtig ☐ falsch

Ein Nutzentreiber ist eine Produkteigenschaft, die wichtig ist, weil sie beim Kunden dessen Nutzen bei der Produktnutzung stark beeinflusst.

☐ richtig ☐ falsch

Ein Unternehmen, das Kundenspezialist ist, hat meist eine größere Programmbreite und eine geringere Programmtiefe.

☐ richtig ☐ falsch

Ergänzende Dienstleistungen können vom Unternehmen nur vor dem Kauf angeboten werden.

☐ richtig ☐ falsch

Mass-Customization ist eine extreme Form der Produktvariation.

☐ richtig ☐ falsch

Problem beim Ethno-Marketing ist die Definition der Zielgruppe.

☐ richtig ☐ falsch

Produktvariation ist die Veränderung des Produkts im Zeitablauf bei Ersatz des bisherigen Produkts.

☐ richtig ☐ falsch

Sichtbares Gender-Marketing wird häufig bei Konsumgütern des täglichen Bedarfs eingesetzt.

☐ richtig ☐ falsch

Sortimentsmächtigkeit bezeichnet die Anzahl der Stücke pro Sorte, die ein Handelsunternehmen im Sortiment führt.

☐ richtig ☐ falsch

Wenn ein Kunde die Verpackung besonders bequem benutzen kann, spricht man von der Consequencefunktion der Verpackung.

☐ richtig ☐ falsch

Wenn Vertrauensqualitäten bei Produkten dominieren, sind die Nutzentreiber für den Kunden schwer zu beurteilen.

☐ richtig ☐ falsch

5.10 Prüfungstipps

Welchen Prüfungstipp kann ich aus diesem Abschnitt ziehen?

In Prüfungen wird häufig gefordert, ▪ die Produktpolitik zu definieren und von der Programmpolitik abzugrenzen ▪ die verschiedenen Produktbegriffe anhand von Beispielen zu unterscheiden ▪ Nutzentreiber bei Produkten zu identifizieren ▪ Produktvariation und Produktdifferenzierung zu unterscheiden ▪ die Verpackungspolitik mit Beispielen zu erklären ▪ Gender-Marketing mit seinen verschiedenen Formen zu erläutern ▪ Sortimentsbreite und -tiefe zu unterscheiden.

Schritt 6:

Markenpolitik

Lernhinweise

Was erwartet mich in diesem Kapitel?

In diesem Kapitel geht es um den zweiten Bereich des Marketing-Mixes, die Markenpolitik. Neben den wichtigsten Begriffen und Unterscheidungskriterien werden auch die Markenstrategien erläutert.

Welche Schlagwörter lerne ich kennen?

■ Marke ■ Herstellermarke ■ Handelsmarke ■ Mehrwertmarke ■ Dachmarke ■ Familienmarke ■ Markenarchitektur ■ Markenpolitik ■ Markenfunktionen ■ Markenstrategien ■ Markenerweiterung ■ Mehrmarkenstrategie ■ Co-Branding ■ Markengleichheit

Wofür benötige ich dieses Wissen?

Die Markenpolitik spielt heute in fast allen Unternehmen eine große Rolle. Durch die vielen Einflüsse auf die anderen Marketing-Mix-Bereiche sollte man sich hier auskennen.

6.1 Begriffe

Marke
Eine Marke (Brand) ist die Gesamtheit aller Eigenschaften, die der Kunde mit einem Unternehmen oder einem Produkt verbinden soll, um es von anderen zu unterscheiden.

Die Vielzahl der Marken, die es heute auf den Märkten gibt, kann nach verschiedenen Kriterien sortiert werden.

- **Herstellermarken** sind Marken, die von den herstellenden Unternehmen selbst gestaltet werden (*z. B. im Konsumgüterbereich Haribo Goldbären, Kinder Schokolade, Persil*). Sie sind zu unterscheiden von den **Handelsmarken**, bei denen nicht die Hersteller, sondern die vertreibenden Handelsunternehmen die Marken gestalten (*z. B. im Konsumgüterbereich Tandil-Waschmittel und Moser-Roth-Schokolade von ALDI Süd, ja!-Produkte von REWE, Billy-Regal von IKEA*).
- Abhängig von Preis- und Qualitätsniveau der markierten Produkte können unterschieden werden:
  - **Preiseinstiegsmarken** mit günstigem Preis
  - **Standardmarken** mit gewöhnlicher Qualität
  - **Mehrwertmarken**, bei denen der Kunde einen bestimmten Mehrwert hat (*z. B. Öko-Marken, Fairtrade-Marken, Light-Marken, Regionalitätsmarken)*
  - **Premiummarken** mit besonderem Qualitätsniveau.
- Mit Blick auf das geographische Verbreitungsgebiet einer Marke können **Lokalmarken**, **Regionalmarken**, **nationale Marken**, **internationale Marken** und **Weltmarken** unterschieden werden.
- Innerhalb einer Markenfamilie gibt es unter meist einer **Dachmarke** mehrere **Familienmarken**, zu denen dann die **Monomarken** der einzelnen Produkte sortiert sind. Die Konstellation verschiedener Marken in einem Unternehmen wird auch als **Markenarchitektur** bezeichnet.
- Neben **Produktmarken** gestalten die meisten Unternehmen heute auch ihre **Unternehmensmarke** (Corporate Brand) mit Blick auf potenzielle und aktuelle Kunden und ihre **Arbeitgebermarke** (Employer Brand) mit Blick auf potenzielle und aktuelle Mitarbeiter.

Die Markenpolitik ist im Marketing-Mix ein Querschnittsbereich, der Entscheidungen in der Produkt- und Programmpolitik, der Preis- und Konditionenpolitik, der Distributionspolitik und der Kommunikationspolitik umfasst. Bei einer Zuordnung zu einem der vier Bereiche gehört die Markenpolitik zur Produkt- und Programmpolitik, weil die Marke als Produktbestandteil gesehen werden kann.

Markenpolitik
Die Markenpolitik als Teil des Marketing-Mixes umfasst alle Entscheidungen und Maßnahmen, welche die Gestaltung einer Marke umfassen.

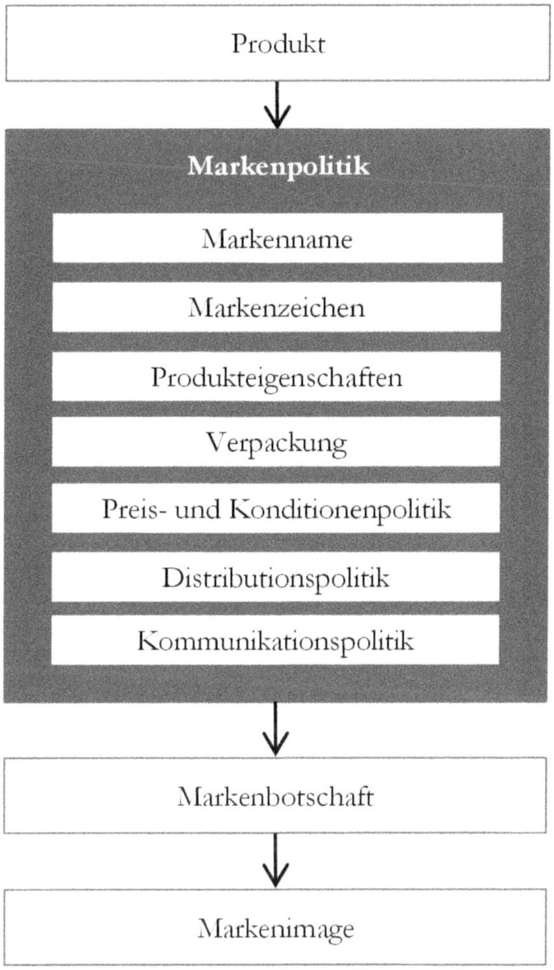

Abb. 19: Markenpolitik

Gedanklicher Ausgangspunkt der Markenpolitik ist das (noch nicht markierte, also noch nicht mit einer Marke versehene) **Produkt** des Unternehmens. Durch die Markenpolitik wird das Produkt zu einem Markenprodukt. Bestandteile der **Markenpolitik** können sein:

- Der **Markenname** *(z. B. Bitburger, Audi, ICE)* und/oder das **Markenzeichen** (Logo, Emblem) (*z. B. Kranich-Symbol der Lufthansa, Puma-Logo von Puma, S mit Punkt der Sparkassen*) sind die sichtbarsten Zeichen der Markenpolitik. Oft kommen noch rechtliche geschützte Markenfarben (*z. B. das Lufthansa-Blau und -Gelb oder das Magenta der Deutschen Telekom*) und Markenschriftarten (*z. B. spezielle Schriftart der Deutschen Bahn*) hinzu.

- Eine Marke kann mit bestimmten **Produkteigenschaften** verbunden sein, die dabei helfen sollen, dass das Produkt vom Kunden als eben jenes Markenprodukt identifiziert wird (*z. B. bei Lebensmitteln mit speziellen Zutaten, Textilien in bestimmten Farben und Designs, Autos mit einem wiedererkennbaren Design und speziellen technischen Eigenschaften*).
- Eine Marke kann mit einer bestimmten **Verpackung** verbunden sein, die dabei hilft, dass das Produkt vom Kunden als eben jenes Markenprodukt identifiziert wird (*z. B. bei allen Parfum-Flacons, der Coca-Cola-Flasche, der Toblerone-Schokolade, der Ritter-Sport-Schokolade und der WC-Ente*).
- Eine Marke kann mit einer bestimmten **Preis- und Konditionenpolitik** verbunden sein, die der Kunde mit den Produkten der Marke verbindet (*z. B. bei Preiseinstiegsmarken, die mit günstigen Preisen verbunden sind; bei 1-Euro-Shops, bei denen alle Produkte 1 € kosten; bei Marken, die mit längerer oder lebenslanger Garantie verbunden sind; bei exklusiven Marken, bei denen wegen des Images keine Finanzierungsmöglichkeiten angeboten werden*).
- Eine Marke kann mit einer bestimmten **Distributionspolitik** verbunden sein, die der Kunde mit den Produkten der Marke verbindet, die der Kunde mit den Produkten der Marke verbindet (*z. B. bei einer Plastikgeschirr-Marke, die nur über Partyverkauf vertrieben wird; bei Süßwarenmarken, von denen der Kunde weiß, dass sie fast überall erhältlich sind; bei exklusiven Marken, die nur in wenigen Verkaufsstellen vertrieben werden*).
- Eine Marke kann mit einer bestimmten **Kommunikationspolitik** verbunden sein, die der Kunde mit den Produkten der Marke verbindet (*z. B. bei einer Zigarettenmarke, deren sich immer ähnelnde Werbeplakate einen hohen Wiedererkennungswert haben; bei einer Energiedrink-Marke, die immer Extremsportarten und prominente Extremsportler unterstützt; bei einer tschechischen Fahrzeugmarke, welche die tschechische Nationalsportart Eishockey unterstützt).*

Die Bestandteile der Markenpolitik haben in Gesamtheit zum Ziel, die **Markenbotschaft** an den Kunden zu vermitteln. Die Markenbotschaft kann aufgefasst werden als alles das, was die Kunden nach den Vorstellungen des Unternehmens mit einer Marke verbinden sollen. *So möchte z. B. die eine Automarke als sportlich-gediegen, technisch-innovativ und qualitativ-hochwertig gelten, während eine andere als preisgünstig, praktisch und zuverlässig wahrgenommen werden möchte.*

Das, was der Kunde tatsächlich mit einer Marke verbindet, wird als **Markenimage** bezeichnet. Es handelt sich also um die subjektive Vorstellung des Kunden von der Marke, die dank der Markenpolitik, aber auch dank der tatsächlichen positiven oder negativen Erfahrungen der Kunden in deren Psyche verankert ist.

6.2 Funktionen einer Marke

Aus Sicht der Kunden kann eine Marke drei Funktionen erfüllen:

- **Informationseffizienz**: Der Kunde kann mit einer Marke spezielle Eigenschaften eines Produkts verbinden, die er dann nicht mehr zu überprüfen braucht. Die Marke sorgt also für eine effiziente Informationsverarbeitung, weil der Kunde mit der einfach zu erkennenden Information der Marke weitere Informationen verknüpft. Die Funktion der Informationseffizienz bedeutet also, dass der Kunde bei einer Marke zu wissen glaubt, was er bekommt. *So verbinden z. B. manche Kunden mit einer Schokoladenaufstrichmarke einen bestimmten Geschmack, mit einer Smartphonemarke bestimmte Funktionen im Betriebssystem, mit einer Hemdenmarke eine bestimmte Stoffqualität und einen bestimmten Schnitt und mit einem Bio-Supermarkt die Eigenschaft, dass alle dort erhältlichen Produkte ökologisch nicht nachteilhaft hergestellt wurden.*
- **Risikoreduktion**: Der Kunde verbindet mit einer Marke, dass er ein niedrigeres Risiko bei der Nutzung des Produktes eingeht. Risikoreduktion bedeutet also, dass der Kunde bei einer Marke zu wissen glaubt, was er an negativen Eigenschaften nicht bekommt. *So greifen ausweislich der Marktanteile viele Eltern, die ansonsten häufig bei Lebensmitteln viele Handelsmarken kaufen, bei Babynahrung zu einer etablierten Marke, weil sie bei der Ernährung ihrer Kinder kein Risiko eingehen möchten. Bei Kopfschmerzmitteln kaufen viele Kunden trotz identischer chemischer Zusammensetzung keine Generika, sondern nur die etablierte Marke, weil sie hier von einer sorgfältigeren Herstellung ausgehen.*
- **Ideeller Nutzen**: Eine Marke bedeutet für den Kunden einen ideellen Nutzen, da die Marke mit Tradition, gesellschaftlichem Status, Prestige im Bekanntenkreis oder Akzeptanz in einer sozialen Gruppe verbunden sein kann. *Dies gilt z. B. für viele Bekleidungs- und Sportartikelmarken genauso wie für Sonnenbrillenmarken.*

In unterschiedlichen Produktbereichen ist die Wichtigkeit der Markenfunktionen unterschiedlich ausgeprägt. Die **Markenrelevanz** gibt an, wie wichtig das Produktmerkmal der Marke insgesamt ist. So ist z. B. die Relevanz der Marke bei Designersonnenbrillen, Bier, Kopfschmerzmitteln hoch, während sie bei Versicherungsdienstleistungen und Zucker niedrig ist.

6.3 Markenstrategien

Es gibt vier **Markenstrategien**, die sich daraus ergeben, dass ein Unternehmen bestehende und/oder neue Produkte sowie bestehende und/oder neue Marke anbieten kann. Die Abgrenzung von bestehenden und neuen Produkten ist mitunter nicht eindeutig.

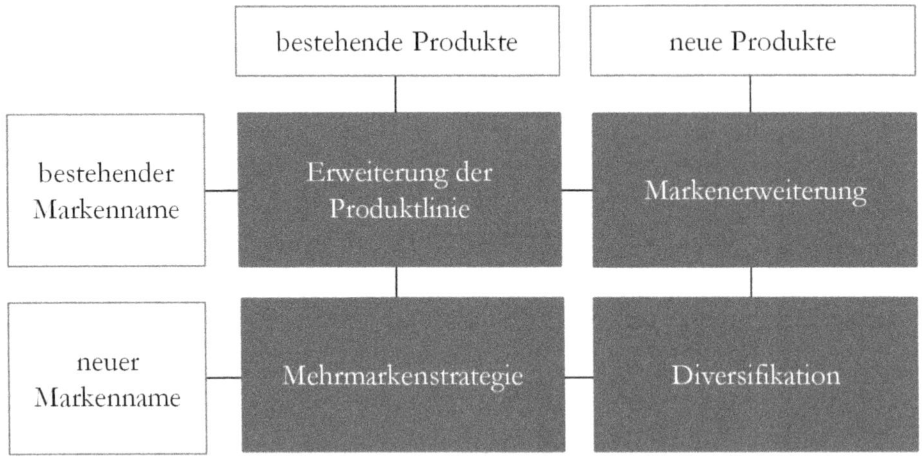

Abb. 20: Markenstrategien

- Bei der **Erweiterung der Produktlinie** setzt das Unternehmen eine etablierte Marke für eine etablierte Produktlinie ein, erweitert sein Angebot aber nicht um gänzlich neue Produkte und neue Marken.
- Bei der **Markenerweiterung** (Markentransfer) überträgt ein Unternehmen eine etablierte Marke auf neue Produkte oder Produkte, die ursprünglich nicht mit der etablierten Marke ausgezeichnet waren. So können die Bekanntheit und das Image der etablierten Marke auf die neue Marke übertragen werden (Ausstrahlungseffekt, Irradiationseffekt). Umgekehrt geht das Unternehmen das Risiko ein, dass das Markenimage durch die Markierung neuer Produkte verwässert wird und Schaden nimmt. *Beiersdorf z. B. hat seine Hautcreme-Marke Nivea auf viele andere Produktbereiche wie Deodorant, Shampoo, Haarspray und Männerkosmetik ausgeweitet; Sportartikelhersteller markieren auch Parfums und Herrenhemden, Automobilhersteller auch Fahrräder, Uhren und Haushaltsgegenstände.*
- Bei der **Mehrmarkenstrategie** vermarktet ein Unternehmen seine etablierten Produkte unter mehreren Marken. Unterschiedliche Marken werden dabei z. B. für unterschiedliche Länder und für unterschiedliche Preislagen genutzt. *(Mobilfunkbetreiber z. B. vermarkten ihr Mobilfunkangebot häufig unter mehreren Marken in verschiedenen Preislagen (Deutsche Telekom mit T-Mobile und Congstar), Henkel stellt Waschmittel unter den Marken Persil und Spee her, Beiersdorf vermarktet Nivea- und Florena-Produkte, viele Markenhersteller stellen dieselben Produkte auch für Handelsunternehmen als deren Handelsmarken her.)*
- Bei der **Diversifikation** (Produkt- und Markeninnovation) entscheidet sich ein Unternehmen, neue Produkte mit neuen Marken zu versehen. Hier ist die Herausforderung am größten, da das Unternehmen weder über Erfahrungen mit der Führung dieser Marke noch mit der Vermarktung dieser Produkte verfügt.

Ein Sonderfall der Markenstrategien ist das Co-Branding:

> **Co-Branding**
> Beim Co-Branding wird im Rahmen einer Kooperation ein Produkt mit zwei Marken gleichzeitig markiert, die meist von unterschiedlichen Unternehmen stammen.

Ziel des Co-Brandings ist es, die Bekanntheit und das Image zweier Marken für den Vertrieb eines Produktes zu nutzen. *Jacobs Krönung z. B. verkauft einen Milka-Schoko-Cappuccino, das McFlurry-Eis von McDonalds ist mit Markensüßigkeiten versehen, bei Philips Elektronassrasierern werden Proben von Nivea for men beigelegt und* Siemens und Ariel empfehlen dem Kunden gegenseitig ihre Produkte. Große Bekanntheit hat die Zusammenarbeit vom Smartphonehersteller Huawei und dem Kamerahersteller Leica erlangt. Huawei profitiert von der Markenbekanntheit und dem sehr guten Qualitätsimage von Leica, und Leica verkauft deutlich mehr Objektive in einem attraktiven Markt.

Unter **Markengleichheit** versteht man die Ähnlichkeit von verschiedenen Marken in der Wahrnehmung der Kunden. Ziel von markenführenden Unternehmen ist es, eine möglichst kleine Markengleichheit zu erreichen, damit die Marke aus Sicht der Kunden als einzigartig und nicht austauschbar gilt und einen Leistungsvorteil darstellt.

6.4 Fragen

Bei einer Mehrmarkenstrategie vermarktet ein Unternehmen seine bestehende Marke mit mehreren Produkten.

☐ richtig ☐ falsch

Den Ersatz einer alten Marke durch eine neu entwickelte Marke nennt man Markentransfer.

☐ richtig ☐ falsch

Die beiden einzigen Funktionen einer Marke sind Informationseffizienz und ideeller Nutzen.

☐ richtig ☐ falsch

Die in der Psyche des Kunden verankerte Vorstellung einer Marke nennt man Markenbotschaft.

☐ richtig ☐ falsch

Die Markenpolitik beeinflusst alle vier übrigen Bereiche des Marketing-Mixes.

☐ richtig ☐ falsch

Die Verpackung von Markenprodukten kann nichts zur Markenbildung beitragen.

☐ richtig ☐ falsch

Markenrelevanz bezeichnet die Wichtigkeit einer speziellen Marke für den Gesamtmarkt wegen des großen Marktanteils.

☐ richtig ☐ falsch

Unternehmen sollten mit ihren Marken versuchen, eine große Markengleichheit zu erreichen.

☐ richtig ☐ falsch

Beim Co-Branding wird im Rahmen einer Kooperation ein Produkt mit zwei Marken gleichzeitig markiert.

☐ richtig ☐ falsch

Ideeller Nutzen einer Marke bedeutet, dass der Kunde mit einer Marke spezielle Eigenschaften eines Produkts verbindet.

☐ richtig ☐ falsch

6.5 Prüfungstipps

Welchen Prüfungstipp kann ich aus diesem Abschnitt ziehen?

In Prüfungen wird häufig gefordert, ▪ den Begriff der Marke zu definieren ▪ die verschiedenen Markenkategorien zu unterscheiden ▪ die Markenfunktionen anhand von Beispielen zu erklären ▪ die Einflüsse der Markenpolitik auf die anderen Marketing-Mix-Bereiche mit Beispielen zu erläutern ▪ die vier Markenstrategien zu erläutern und Beispiele zu kennen ▪ das Co-Branding zu definieren.

Schritt 7:

Preis- und Konditionenpolitik

Lernhinweise

Was erwartet mich in diesem Kapitel?

Dieses Kapitel beschäftigt sich mit der Preis- und Konditionenpolitik, einem weiteren Bereich des Marketing-Mixes. Dabei geht es um die vielfältige Gestaltung des Preises.

Welche Schlagwörter lerne ich kennen?

■ Preispolitik ■ Preisbestimmung ■ Preisobergrenze ■ Preisuntergrenze ■ Preisstrategie ■ Abschöpfungsstrategie ■ Penetrationsstrategie ■ Preisbindung ■ Preisempfehlungen ■ Preisflexibilität ■ Preisbündelung ■ Preiselastizität ■ Preistransparenz ■ Schwellenpreise ■ Preisaufmerksamkeit ■ Preisdifferenzierung ■ Konditionenpolitik ■ Rabatt ■ Bonus ■ Skonto ■ Zahlungsbedingungen ■ Finanzierungsbedingungen ■ Garantiebedingungen ■ Transport- und Lieferbedingungen

Wofür benötige ich dieses Wissen?

Die Preispolitik hat in den letzten Jahren in den Unternehmen an Bedeutung gewonnen. Gleichzeitig hat dadurch auch die Vielfalt der preispolitischen Instrumente zugenommen.

7.1 Grundlagen

Preis- und Konditionenpolitik
Die Preis- und Konditionenpolitik als Teil des Marketing-Mixes umfasst alle Entscheidungen und Maßnahmen, welche die Gestaltung des Preises (**Preispolitik**) und aller weiteren Vertragsbedingungen (**Konditionenpolitik**) betreffen.

Weil es um die Gestaltung der Gegenleistungen des Kunden geht, wird die Preispolitik auch **Gegenleistungspolitik** genannt.

Vereinfacht kann der Gewinn eines Unternehmens so dargestellt werden:

Gewinn = Nachfragemenge × Preis – Kosten

Da die Nachfragemenge in vielen Märkten stagnierend oder gar schrumpfend ist und die Kosten oft nur noch schwer weiter zu reduzieren sind, hat der Preis (und damit die Preispolitik) als letzte Einflussgröße auf den Gewinn in den letzten Jahren an Bedeutung gewonnen.

Die Preispolitik unterscheidet sich von den übrigen Bereichen des Marketing-Mixes:

- Die Preispolitik hat **starke Absatzwirkungen**, weil Kunden meist deutlich mit ihrer Nachfrage auf den Preis reagieren.
- Die Preispolitik bietet im Vergleich zu den anderen Feldern des Marketing-Mixes eine **schnelle und kostengünstige Umsetzung**. (Bei Angeboten im Internet oder elektronischen Preislisten z. B. bedarf es nur einer kleinen Änderung im Warenwirtschaftssystem, beim stationären Handel kommt nur noch die Änderung des Preisschildes hinzu; einzig Kataloganbieter müssen eine neue Preisliste oder einen Sonderkatalog drucken.)
- Die Preispolitik bietet eine **schnelle Reaktionsmöglichkeit auf Nachfrageveränderungen** (z. B. kann bei steigender Nachfrage der Preis kurzfristig erhöht, bei sinkender Nachfrage der Preis schnell verringert werden).
- Die Preispolitik bietet eine **schnelle Reaktionsmöglichkeit auf Konkurrenzverhalten** (z. B. kann auf Preissenkungen oder neue Angebote eines Konkurrenten schnell mit Preissenkungen reagiert werden).
- Die Preispolitik ist ein beliebtes **Markteintrittsinstrument** bei Unternehmen, die neu auf den Markt kommen (z. B. Sonderangebote und Preisreduzierungen als Eröffnungsangebote).
- Die Preispolitik erfordert im Gegensatz zu den anderen Feldern des Marketing-Mixes vorab **keine Investitionen**.

In der Realität gibt es viele spezifische Begriffe für Preise, z. B. Miete (bei Wohnungen), Pacht (bei Gewerbeflächen), Eintritt (bei Veranstaltungen), Maut (bei Straßennutzung), Honorar (bei freiberuflichen Dienstleistungen), Tantiemen (bei Urheberrechten), Beitrag (bei Versicherungen), Umlage (bei öffentlichen Dienstleistungen), Leasingrate (bei Autos und Maschinen) und Gebühr (bei öffentlichen Dienstleistungen).

7.2 Preisbestimmung

Wichtigste Aufgabe der Preispolitik ist die **Bestimmung eines Preises** für das angebotene Produkt. Dies geschieht

- bei der **Neueinführung** eines Produktes
- bei Veränderung einer Bestimmungsgröße des Preises.

Bei der Preisbestimmung sind ökonomische Preisgrenzen zu beachten:

- **Preisobergrenze** (Prohibitivpreis, Verhinderungspreis) ist der Preis, bei dem keine Nachfrage mehr zustande kommt. Dieser zu hohe Preis ist nur in den seltenen Fällen sinnvoll, wenn ein Unternehmen tatsächlich Nachfrage verhindern möchte. (*So bieten z. B. viele Premium-Hotels zu den günstigen Übernachtungspreisen am Wochenende ein sehr teures Frühstücksbuffet an. Da ohnehin nur wenige Touristen am Wochenende das Frühstück im Hotel nehmen möchten, wird durch den teuren Preis verhindert, dass wegen weniger Gäste das kostenträchtige Buffet aufgebaut werden muss.*)
- **Kurzfristige Preisuntergrenze** ist der Preis, bei dem alle variablen Kosten gedeckt sind. Ein noch niedrigerer Preis würde bedeuten, dass mit jedem verkauften Stück der Gewinn geschmälert bzw. der Verlust vergrößert würde. Würde dieser Preis dauerhaft verlangt, würde dies ebenfalls zu einem Verlust führen, da die fixen Kosten bei diesem Preis noch nicht gedeckt sind.
- **Langfristige Preisuntergrenze** ist der Preis, bei dem alle Kosten, also variable und fixe Kosten, gedeckt sind. Die langfristige Preisuntergrenze liegt also höher als die kurzfristige Preisuntergrenze.
- Es kann sein, dass Unternehmen dennoch ein Produkt unter den Preisuntergrenzen verkauft, wenn es ihm darum geht, einen Konkurrenten zu unterbieten (*z. B. wenn ein Unternehmen seine Rolle als Preisführer unter Beweis stellen möchte*), wenn es auf spätere Folgeaufträge hofft (*z. B. wenn ein Softwareanbieter das Standardprogramm besonders günstig anbietet, um später ergänzende Softwaremodule und Wartungsdienstleistungen zu verkaufen*) oder wenn es auf gleichzeitige Verbundkäufe hofft (*z. B. wenn Handelsunternehmen darauf hoffen, durch Sonderangebote Kunden in die Filialen zu locken, die dann auch andere Produkte kaufen*).

Es gibt drei wichtige Bestimmungsgrößen für die Festlegung des Preises, die je nach Unternehmenspolitik einen unterschiedlich starken Einfluss auf die Preisbestimmung haben können:

- Kosten
- Konkurrenten
- Kunden

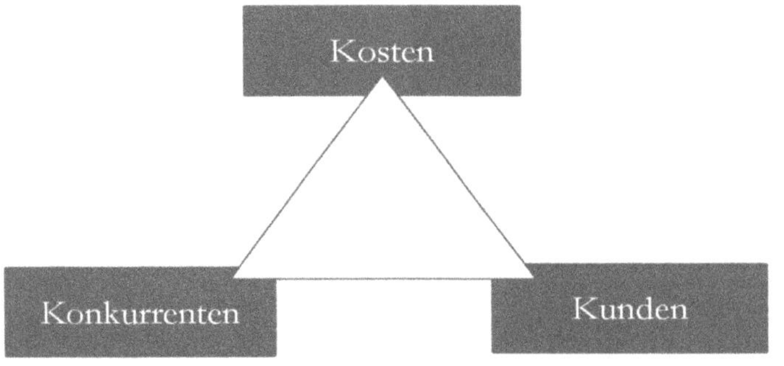

Abb. 21: Bestimmungsgrößen des Preises

- Bei der **kostenorientierten Preisbestimmung** dienen die Gesamtkosten des Produkts als Ausgangspunkt der Preisfindung. Sie gibt es in zwei Formen:
  - Bei der **progressiven Kalkulation** ergibt sich der Angebotspreis aus der Addition der Kosten und eines Gewinnzuschlags.
  - Bei der **retrograden Kalkulation** (Target Costing) geht das Unternehmen von dem am Markt durchsetzbaren Preis aus und ermittelt unter Abzug eines Gewinnabschlags die gewünschten Zielkosten.
- Bei der **konkurrenzorientierten Preisbestimmung** orientiert sich das Unternehmen an den von den Konkurrenzunternehmen verlangten und am Markt durchgesetzten Preisen.
- Bei der **kundenorientierten Preisbestimmung** orientiert sich die Preisfindung an der Nutzenwahrnehmung der Kunden und deren Zahlungsbereitschaft. Im Zentrum steht hier also die Frage, wie groß der Nutzen des Produkts in der Wahrnehmung des Kunden ist und welchen Preis er deswegen zu zahlen bereit ist.

Neben Kosten, Konkurrenten und Kunden können auch folgende Aspekte einen Einfluss auf die Preisbestimmung haben:

- Die **Kostenstruktur**, das Verhältnis von fixen und variablen Kosten, beeinflusst die Flexibilität bei der Preisbestimmung. Fluggesellschaften z. B haben bei der Kalkulation ihrer Flugpreise hohe fixe Kosten pro Sitzplatz und geringe variable Kosten pro Sitzplatz. Deswegen können sie mit dem Preis weit nach unten gehen, die variablen Kosten sind immer noch gedeckt, und ein Deckungsbeitrag entsteht.
- Die **Organisationsstruktur** des Unternehmens hat einen Einfluss, weil die Verantwortlichkeiten für die Preissetzung unterschiedlich verteilt sein kön-

nen. In klein- und mittelständischen Unternehmen liegt diese Kompetenz meist bei der Geschäftsleitung, während in größeren Unternehmen oft die Vertriebsleitung die Preise festlegt. Zusätzlich haben Vertriebsmitarbeiter wie z. B. Außendienstmitarbeiter oft Spielräume bei Preisverhandlungen mit den Kunden. In Branchen, in denen der Preis eine zentrale Rolle für den Unternehmenserfolg spielt (z. B. in der Stahl-, der Mineralöl- und der Luftverkehrsbranche) sind ganze Fachabteilungen für sich schnell ändernde Preise verantwortlich.

7.3 Preisstrategien

Bereits vor Markteinführung eines Produkts muss das Unternehmen sich mit der **Preisstrategie** beschäftigen und dabei die Frage beantworten, wie es das Produkt auf dem Markt preislich positionieren möchte. Dabei sind zwei Fälle zu unterscheiden:

- Das Produkt ahmt bereits auf dem Markt angebotene Produkte nach (Produktimitation).
- Das Produkt ist eine wirkliche Neuheit, die es bislang nicht auf dem Markt gibt (Produktinnovation).

Bei einer **Produktimitation** gibt es vier mögliche Preisstrategien, die sich aus dem Zusammenspiel von Qualitäts- und Preispositionierung auf dem Markt ergeben:

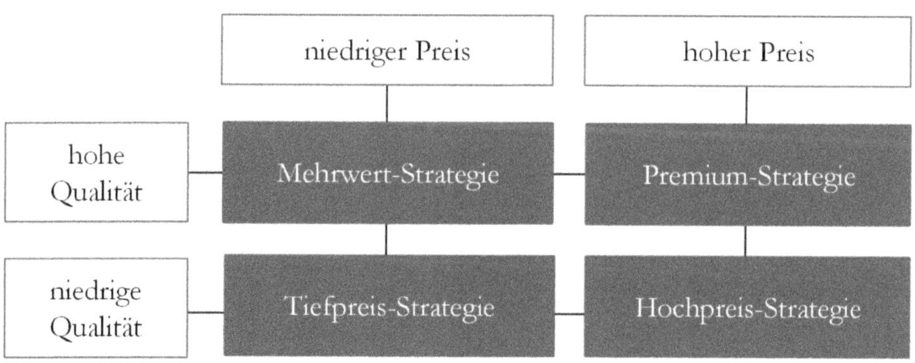

Abb. 22: Preisstrategien bei Produktimitation

Bei einer **Produktinnovation** gibt es zwei mögliche Preisstrategien:

- Abschöpfungsstrategie
- Durchdringungsstrategie

Bei der **Abschöpfungsstrategie** (Skimmingstrategie) wird das Produkt zu einem vergleichsweise hohen Preis eingeführt. Mit zunehmender Markterschließung und aufkommendem Wettbewerbsdruck wird der Produktpreis dann sukzessive abgesenkt, so dass neue Kunden gewonnen werden können und deren Zahlungsbereitschaft nach und nach abgeschöpft werden kann.

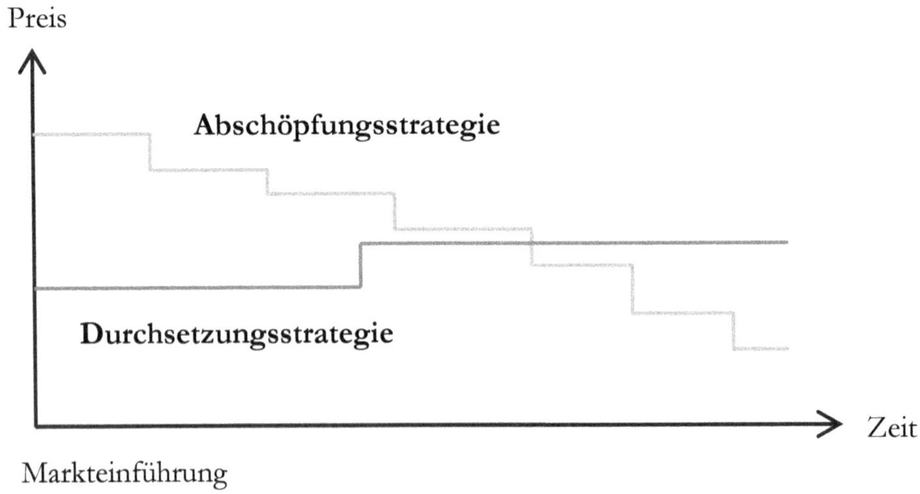

Abb. 23: Preisstrategien bei Produktinnovationen

Die Abschöpfungsstrategie eignet sich für Produkte mit hohem Innovationsgrad, bei denen der hohe Preis auch als Qualitätsindikator wahrgenommen werden kann. Durch die hohen Einnahmen zu Beginn des Produktlebenszyklus kann der Forschungs- und Entwicklungsaufwand schneller amortisiert werden.

- Bei der **Penetrationsstrategie** (Durchdringungsstrategie) wird das Produkt zu einem vergleichsweise niedrigen Preis eingeführt. Über die Preisentwicklung in späteren Lebenszyklusphasen kann meist nichts gesagt werden. Das Ziel dieser Preisstrategie ist es, mit dem attraktiv niedrigen Preis schnell viele Kunden und einen hohen Marktanteil zu gewinnen und so große Absatzmengen und niedrige Stückkosten zu erreichen.

  Wegen der niedrigen Einführungspreise sinkt das Flop-Risiko der Produktinnovation. Der Kostenvorsprung kann von Konkurrenzunternehmen, die später Produktimitationen auf dem Markt bringen, nur schwer eingeholt werden. Vielleicht werden Imitatoren deswegen ganz vom Markteintritt abgehalten.

7.4 Aspekte der Preispolitik

Unter dem Begriff **Preisbindung** (auch vertikale Preisbindung) versteht man die Situation, dass ein Herstellerunternehmen bei Verkauf eines Produkts an ein

Handelsunternehmen diesem vorschreiben kann, zu welchem Preis er das Produkt an dessen Kunden weiterverkauft. Die Preisbindung ist in Deutschland grundsätzlich verboten. Handelsunternehmen sind in ihrer Preispolitik also frei; Herstellerunternehmen dürfen Handelsunternehmen nicht deren Verkaufspreise vorschreiben. Ausnahmen vom Preisbindungsverbot gelten bei Arzneimitteln sowie bei Verlags- und Presseerzeugnissen (Buchpreisbindung).

Erlaubt sind daher nur **Preisempfehlungen** der Herstellerunternehmen an die Handelsunternehmen. Durch den früher gesetzlich vorgeschriebenen Begriff der „unverbindlichen Preisempfehlung", der die Eigenschaft der Empfehlung nochmals durch das Wort ‚unverbindlich' verstärkt, wollte der Gesetzgeber deutlich machen, dass eine Preisbindung nicht mehr möglich ist.

Preiserhöhungen werden häufig von Unternehmen mit Werbemaßnahmen begleitet, welche die qualitative Überlegenheit der Produkte oder die Minderwertigkeit von Konkurrenzangeboten betonen. Häufig wird die Akzeptanz von Preiserhöhungen durch gleichzeitige oder tatsächliche Produktverbesserungen (*z. B. „jetzt neue Pflegeformel", „noch besserer Geschmack", „jetzt in wiederverschließbarer Packung"*) erhöht. Gerne werden für Preiserhöhungen auch Zeiten gewählt, in denen die Medien Kostenerhöhungen (*z. B. bei Energie, Kraftstoffen, Löhnen*) diskutieren. Im Konsumgüterbereich können Preiserhöhungen auch durch Mengenverringerungen bei identischem Preis intransparent gemacht werden.

Preisflexibilität ist die Fähigkeit des Unternehmens, seine Preise bei Bedarf zu verändern. Bei Kataloganbietern und bei langfristiger vertraglicher Preisvereinbarung ist die Preisflexibilität vermindert.

Unter einer **Preisbündelung** versteht man die Zusammenstellung eines Angebotspakets aus mehreren Teilleistungen, das zu einem Gesamtpreis (Bündelpreis) angeboten wird (*z. B. bei Drogerien ein Geschenkpaket mit Parfum, Shampoo, Deodorant und Kulturbeutel zu einem Preis*).

Der Begriff der **Preiselastizität** beschreibt die Auswirkung einer Preisveränderung auf den Absatz des Produkts. Bei einer hohen Preiselastizität (elastische Nachfrage) reagiert die Nachfrage mit starken Mengenveränderungen, bei einer niedrigen Preiselastizität (unelastische Nachfrage) wird kaum weniger oder mehr nachgefragt. Die Höhe der Preiselastizität ist abhängig davon,

- ob Substitutionsgüter auf dem Markt verfügbar sind, auf die Kunden ausweichen könnten,
- wie dringend der Bedarf der Kunden nach dem Produkt ist,
- ob die Güter transport- und lagerfähig sind und die Kunden auch bereit sind, die Güter auf Vorrat zu kaufen, zu transportieren und zu lagern,
- welchen Anteil am Budget des Kunden der Kauf des Produktes ausmacht.

Unter dem Begriff **Preistransparenz** versteht man die Erkennbarkeit des Preises für den Kunden. Im Einzelhandel soll die Preisangabenverordnung eine hohe Preistransparenz für den Konsumenten gewährleisten. Sie sieht unter anderem die Auszeichnung der Artikel mit Bruttopreisen (inklusive Umsatzsteuer) und die Angabe des Grundpreises einer definierten Menge vor. Mit Leasing, mit Mengenveränderungen bei gleichbleibendem Preis sowie mit einer zeitlichen Mischkalkulation wird die Preistransparenz verringert. Gleiches gilt für Rabattkarten (*z. B. BahnCard*), weil der Preis der Rabattkarte nach deren Bezahlung vom Kunden meist nicht mehr wahrgenommen wird.

Wegen der Preiswahrnehmung durch den Kunden sind **Schwellenpreise** (Odd-Pricing) für viele Unternehmen attraktiv. Die auf 9 endenden Preise werden von den Kunden meist niedriger wahrgenommen.

Die **Preisaufmerksamkeit** sagt aus, wie sehr ein Kunde auf den Preis eines Produktes achtet. Die empirische Forschung konnte zeigen, dass die Preisaufmerksamkeit erhöht ist

- bei Sonderangeboten und Preisreduzierungen, aber auch schon bei roten Schildern und prozentualen Angaben wegen der vermuteten Preissenkung
- in Kaufsituationen mit als größer empfundener Unsicherheit (z.B. bei einem für den Kunden nicht bekannten Geschäft oder im Gespräch mit einem als unglaubwürdig wahrgenommenem Verkäufer)
- bei starker Abweichung vom gewohnten Preisniveau
- beim ersten Kauf eines Gutes
- bei öffentlicher Diskussion in den Medien über die Preise.

Abgeschwächt ist die Preisaufmerksamkeit bei

- zufriedenen und gebundenen Kunden
- bei habituellem Kaufverhalten
- bei einem niedrigen Preis, der im Vergleich zur Kaufkraft als unwichtig eingeschätzt wird.

Zur **Preiswahrnehmung** durch die Kunden ist zu sagen, dass die Kunden einen Produktpreis meist in ein Preisgefüge einordnen, das zwischen einem als normal empfundenen Preis und im Vergleich dazu höheren und niedrigeren Preisen unterscheidet. Die als normal und akzeptabel empfundene Preisspanne wird als Referenzpreisspanne bezeichnet. Die obere Preisschwelle (zu teuer) ergibt sich, weil sie die Zahlungsfähigkeit des Kunden übersteigt oder von ihm als unfair empfunden wird. Eine untere Preisschwelle (zu billig) gibt es, wenn der Kunde wegen des niedrigen Preises auf mangelhafte Qualität oder schlechtes Image im sozialen Umfeld schließt.

Price Engines sind Softwaremodule einer Business Intelligence-Software, die aus den Daten des Warenwirtschaftssystems und der Marktforschung automatisiert Verkaufspreise empfehlen.

7.5 Reaktion auf Preissenkungen

Im Preiswettbewerb müssen Unternehmen nicht selten die Frage beantworten, wie sie auf Preissenkungen von Konkurrenten reagieren (Abb. 24).

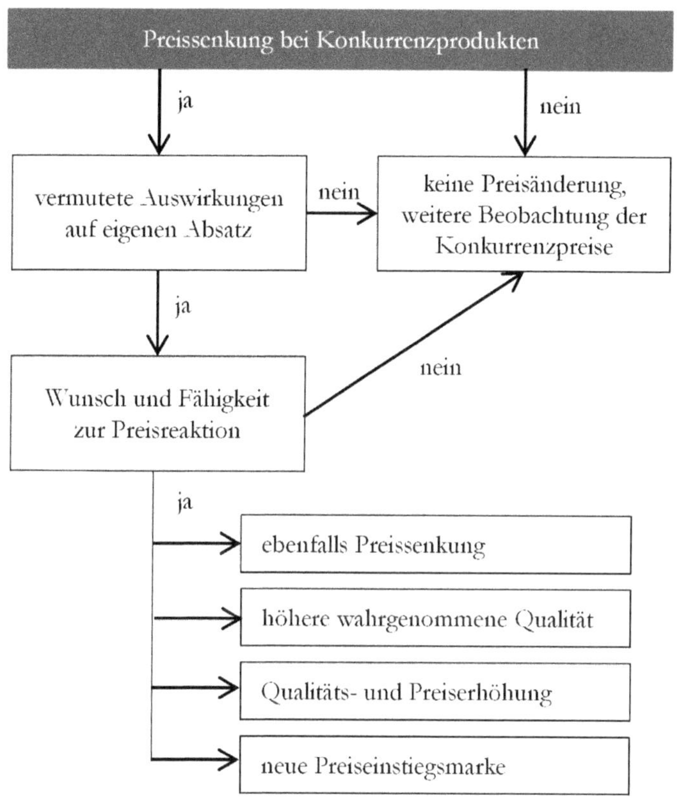

Abb. 24: Reaktion auf Preissenkungen von Konkurrenzunternehmen

7.6 Preisdifferenzierung

Preisdifferenzierung
Von Preisdifferenzierung wird gesprochen, wenn dasselbe Unternehmen für dasselbe Produkt unterschiedliche Preise verlangt.

Bei der Preisdifferenzierung ist wichtig, dass es sich tatsächlich um ein und dasselbe Unternehmen handelt, das tatsächlich dieselben Produkte verkauft. So darf nicht von Preisdifferenzierung gesprochen werden bei unterschiedlichen Mieten, die eine Vermietungsgesellschaft in unterschiedlichen Städten und Lagen verlangt (unterschiedliche Produkte) oder bei unterschiedlichen Preisen, die im Supermarkt und am Kiosk verlangt werden (unterschiedliche Anbieter).

Preise können von Unternehmen nach verschiedenen Kriterien differenziert werden:

- Bei der **zeitlichen Preisdifferenzierung** verlangt dasselbe Unternehmen für dasselbe Produkt zu unterschiedlichen Zeiten unterschiedliche Preise.

  Beispiele sind Happy-Hour-Angebote, Saisonpreise und Frühbucherpreise im Tourismus und Preisreduzierungen beim Saisonauslauf einer Ware.

  Grund ist die Ausschöpfung von zeitlich unterschiedlichen Zahlungsbereitschaften und/oder die gleichmäßigere Kapazitätsauslastung durch Verschiebung der Nachfrage von nachfragestärkeren zu nachfrageschwächeren Zeiten. Letzteres ist besonders bei hohem Anteil fixer Produktionsfaktoren wichtig. Hinzu kommt die größere Planungssicherheit bei Vorverlegung von Nachfrageentscheidungen.

- Bei der **räumlichen Preisdifferenzierung** verlangt dasselbe Unternehmen für dasselbe Produkt an unterschiedlichen Orten unterschiedliche Preise.

  Beispiele sind unterschiedliche Preise in Stadt und Land, im Inland und Ausland, in Innenstadt und Außenbezirk, an Verkehrsknotenpunkten und im Gewerbegebiet.

  Gründe können sein

  - regional oder situativ unterschiedliche Zahlungsbereitschaften, z. B. wegen unterschiedlicher Nachfrage, unterschiedlicher Dringlichkeit, unterschiedlicher Kaufkraft oder unterschiedlicher Transaktionskosten
  - unterschiedliche Kostensituationen
  - unterschiedliche Konkurrenzsituationen (Wettbewerbsdruck, lokaler Alleinanbieter)
  - seltener auch unterschiedliche Kapazitätsauslastung an unterschiedlichen Orten.

- Bei der **personenbezogenen Preisdifferenzierung** verlangt dasselbe Unternehmen für dasselbe Produkt von unterschiedlichen Personengruppen unterschiedliche Preise.

  Gründe können sein

  - die Ausschöpfung unterschiedlicher Zahlungsbereitschaften mit dem Ziel, gleichzeitig sowohl die geringere Zahlungsbereitschaft einiger Kunden (*z. B. Rentner, Studierende*) als auch die höhere Zahlungsbereitschaft anderer Kunden (*z. B. der berufstätigen Kunden*) abzuschöpfen (*z. B. bei Studierenden- und Seniorenrabatten*). Bei einem niedrigen Einheitspreis wäre beides gleichzeitig nicht möglich.

- die Schaffung von Kundenbindung (*z. B. bei Studierenden, die sich zu günstigeren Preisen an ein Produkt binden und es später zum Normalpreis weiternutzen*)
- unterschiedliche Kosten in Abhängigkeit vom Kunden (*z.B. bei Versicherungskunden*)
- die Gewinnung spezieller Kunden (*z. B. beim Frauenrabatt in Diskotheken*)
- die Ausnutzung von Meinungsführerschaft *(z. B. kostenlose Bücher für Hochschullehrer oder günstigere Lufthansa-Tickets für Parlamentarier)* oder Nutzungsführerschaft *(z. B. ein preisgünstigeres Warenwirtschaftssystem für ein großes Handelsunternehmen, weil andere Handelsunternehmen und Lieferanten sich daran orientieren werden).*

- Bei der **vertriebswegbezogenen Preisdifferenzierung** verlangt dasselbe Unternehmen für dasselbe Produkt in unterschiedlichen Vertriebswegen unterschiedliche Preise.

  Grund sind unterschiedliche Kosten der verschiedenen Vertriebswege. Das Unternehmen möchte die zusätzlichen Kosten auf den kostenträchtigen Vertriebswegen ganz oder teilweise an die Kunden weitergeben und gleichzeitig dem Kunden einen Anreiz geben, die kostengünstigeren Vertriebswege zu nutzen (*z. B. bei Unternehmen, die einen Automatenrabatt oder einen Internetrabatt gewähren oder einen Bedienungszuschlag bei persönlicher Beratung verlangen*).
- Bei der **mengenbezogenen Preisdifferenzierung** verlangt dasselbe Unternehmen für dasselbe Produkt bei unterschiedlichen Verkaufsmengen unterschiedliche Preise.

  Mit größeren Verkaufs- und folglich Herstellungsmengen sind Kosteneinsparungen (Skaleneffekte) verbunden, die mittels Mengenrabatt an den Kunden weitergegeben werden. Damit wird gleichzeitig ein Anreiz für den Kunden geschaffen, größere Mengen zu kaufen.

7.7 Konditionenpolitik

Konditionenpolitik
Die Konditionenpolitik als Teil der Preis- und Konditionenpolitik umfasst alle Entscheidungen und Maßnahmen, welche die Gestaltung aller über den Preis hinausreichenden Vertragsbedingungen betreffen.

Zu den Konditionen gehören die **Preisermäßigungen**, die eine Variation der Listenpreise darstellen und entweder als Geldleistung oder Naturalleistung (*z. B. „Drei Stück zum Preis von zwei"*) angeboten werden. Die Preisermäßigungen können auch als Bestandteil der Preispolitik gesehen werden. Drei Formen der Preisermäßigungen können unterschieden werden:

- Das **Skonto** ist eine Preisermäßigung, die bei Einhaltung einer vorgegebenen Zahlungsfrist gewährt wird. Ziel des Unternehmens bei Gewährung von Skonto ist es, die Rechnungsbeträge früher zu erhalten.
- Ein **Rabatt** ist eine Preisermäßigung, die relativ zum Absatz oder Umsatz gewährt wird.
- Ein **Bonus** ist ein einmaliger Preisabschlag, der bei Erreichen eines Absatz- oder Umsatzzieles gewährt wird.

Voraussetzungen für die Gewährung eines Rabattes oder eines Bonus können sein:

- das Absatz- oder Umsatzvolumen des Kunden wie beim Mengenrabatt *(z. B. „Ab 1.000 Stück gibt es 2 % Preisnachlass pro Stück")* oder beim Mengenbonus *(z. B. „Bei Abnahme von 1.000 Stück gibt es einen Bonus von 150 €").*
- Merkmale des Kunden (personenbezogene Preisdifferenzierung) wie beim Seniorenrabatt *(z. B. „Alle über 65 Jahre zahlen 5 % weniger")* oder beim Studentenbonus *(z. B. „Studenten erhalten bei Vertragsabschluss einen einmaligen Nachlass von 50 €").*
- der Kaufzeitpunkt *(z. B. beim Frühbucherbonus, dem Auslaufrabatt oder dem Last-Minute-Rabatt)*
- ein Verhaltensanreiz für den Kunden *(z. B. beim Selbstabholerrabatt)*
- Zur Konditionenpolitik gehört auch der Verkauf von kostenpflichtigen **Rabattkarten**, die dem Eigentümer einen festen Rabatt gewähren (*z. B. die BahnCard oder eine Rabattkarte in der Saunatherme, die ein Jahr lang alle Eintrittspreise um 50 % ermäßigt*). Durch die Rabattkarte wird die Preistransparenz für den Kunden verringert, weil er die Zahlung der Rabattkarte üblicherweise nicht mehr in die Preiskalkulation einbezieht. Dieser Zahlungsentwertungseffekt sorgt dafür, dass er nur noch die rabattierten Preise für einen Preisvergleich heranzieht und ihm die Leistungen günstiger erscheinen (*z. B. wird ein BahnCard-Besitzer normalerweise den mit BahnCard ermäßigten Preis mit den Kosten einer Autofahrt vergleichen und die einmaligen Kosten der BahnCard dabei ebenso unterschlagen wie Autofahrer die fixen Kosten für Anschaffung, Versicherung, Steuer, Inspektion und Reparatur. Bei Inhabern der BahnCard 100, die nach einmaliger Zahlung ein ganzes Jahr ohne weitere Kosten Bahn fahren dürfen, führt der Zahlungsentwertungseffekt zu der fälschlichen Einschätzung, sie würden umsonst Zug fahren).*

Die **Zahlungsbedingungen** regeln, wann der Kunde welche Zahlungen zu leisten hat. Dabei können Anzahlungen, Vorauszahlungen, Abschlagszahlungen, Teilzahlungen und Zahlungsfristen (Zahlungsziele) vereinbart werden.

Wichtig für die Gestaltung der Zahlungsbedingungen kann auch wieder der Entwertungseffekt bei bereits durchgeführten Zahlungen (Zahlungsentwertungseffekt) sein: Bei Gütern, die nicht aufbewahrt werden können, ist der Konsumdruck für den Kunden desto höher, je kürzer der Zeitpunkt der Zahlung zurückliegt *(z. B. nimmt die Häufigkeit des Erscheinens in einem Fitnessclub mit Abstand zur Beitragszahlung ab).*

Das Unternehmen kann den Kunden mit mangelnder Kaufkraft **Finanzierungsbedingungen** anbieten *(z. B. Leasing bei Anschaffung einer Druckmaschine oder Ratenzahlung beim Kauf eines Flachbildfernsehers).*

Das Unternehmen kann freiwillig **Garantiebedingungen** anbieten, die in der Gültigkeitsdauer oder dem abgesicherten Mängelumfang über die gesetzliche Gewährleistung hinausreichen *(z. B. sieben Jahre Garantie auf Fabrikate eines Automobilherstellers statt der üblichen zwei Jahre oder lebenslange Garantie auf Produkte).*

Auch sonstige Vertragsbedingungen wie **Transport- und Lieferbedingungen** oder das Angebot von **Versicherungen** *(z. B. Garantieversicherungen, Transportversicherungen und Reiserücktrittsversicherungen)* gehören zu den Maßnahmen der Konditionenpolitik.

7.8 Fragen

Auch die Organisationsstruktur des Unternehmens kann einen Einfluss auf die Preisentscheidung haben.

☐ richtig ☐ falsch

Bei Gütern, die nicht aufbewahrt werden können, ist der Konsumdruck höher, je kürzer der Zeitpunkt der Zahlung zurückliegt.

☐ richtig ☐ falsch

Der Preis hat als Erfolgsfaktor in den letzten Jahren an Bedeutung verloren.

☐ richtig ☐ falsch

Die Höhe der Preiselastizität ist auch davon abhängig, wie transport- und lagerfähig das betrachtete Produkt ist.

☐ richtig ☐ falsch

Die kurzfristige Preisuntergrenze liegt auf dem Preis, bei dem alle variablen Kosten gedeckt sind.

☐ richtig ☐ falsch

Die langfristige Preisuntergrenze liegt auf dem Preis, bei dem alle variablen Kosten gedeckt sind.

☐ richtig ☐ falsch

Die Preis- und Konditionenpolitik wird auch als Leistungspolitik bezeichnet.

☐ richtig ☐ falsch

Die Preiselastizität zeigt an, wie stark die Nachfrage auf Preisveränderungen reagiert.

☐ richtig ☐ falsch

Ein Produkt mit niedriger Qualität und hohem Preis anzubieten, nennt man Mehrwertstrategie.

☐ richtig ☐ falsch

Einzige Einflussgrößen auf die Preisfestlegung sind die Kosten und das Wertempfinden der Kunden.

☐ richtig ☐ falsch

Es kann sinnvoll sein, dass ein Unternehmen einen Preis anbietet, der unter der kurzfristigen Preisuntergrenze liegt.

☐ richtig ☐ falsch

In Deutschland ist die vertikale Preisbindung grundsätzlich erlaubt.

☐ richtig ☐ falsch

Mit der Preis- und Konditionenpolitik kann das Unternehmen nur schlecht auf Konkurrenzmaßnahmen reagieren.

☐ richtig ☐ falsch

Mittels der Penetrationsstrategie ist es möglich, die Preisbereitschaft des Kunden graduell abzuschöpfen.

☐ richtig ☐ falsch

Nur wenn das Produkt neu eingeführt wird, muss ein Preis festgelegt werden.

☐ richtig ☐ falsch

7.9 Prüfungstipps

Welchen Prüfungstipp kann ich aus diesem Abschnitt ziehen?

In Prüfungen wird häufig gefordert, ▪ die Besonderheiten der Preispolitik im Vergleich zu den anderen Marketing-Mix-Bereichen zu nennen ▪ die beiden Preisstrategien miteinander zu vergleichen ▪ die vielen Formen der Preisdifferenzierung in ihren Formen und Ursachen zu unterscheiden ▪ die Vor- und Nachteile der verschiedenen Preisermäßigungen zu erläutern ▪ den Zahlungsentwertungseffekt zu kennen.

Schritt 8: Distributionspolitik

Lernhinweise

Was erwartet mich in diesem Kapitel?

In diesem Kapitel geht es um die Distributionspolitik, den nächsten Bereich des Marketing-Mixes. Man lernt über die Aufgaben der Distributionspolitik, welche Distributionsorgane das Unternehmen einsetzen kann und mit welchen Absatzwegen die Kunden erreicht werden können.

Welche Schlagwörter lerne ich kennen?

■ Distributionspolitik ■ Absatzwege ■ Verkaufstypologie ■ akquisitorische und physische Distribution ■ interne und externe Distributionsorgane ■ Außendienst ■ Franchising ■ Vertragshändler ■ Absatzhelfer ■ Absatzmittler ■ Handelsvertreter ■ Makler ■ Kommissionäre ■ Großhandel ■ Einzelhandel ■ Marktveranstaltungen ■ direkter und indirekter Absatz ■ ubiquitärer, intensiver, selektiver und exklusiver Absatz ■ eingleisiger und mehrgleisiger Absatz (Multi-Channeling)

Wofür benötige ich dieses Wissen?

Die Distributionspolitik betrifft unternehmerische Vertriebsentscheidungen, die meist nicht einfach und kostengünstig wieder rückgängig gemacht werden können. Daher ist hier eine richtige Entscheidung besonders wichtig.

8.1 Aufgaben der Distributionspolitik

Distributionspolitik
Die Distributionspolitik als Teil des Marketing-Mixes umfasst alle Entscheidungen und Maßnahmen, die der akquisitorischen und physischen Verteilung der hergestellten Güter dienen.

Die Distributionspolitik hat drei Dimensionen. Das Unternehmen muss entscheiden,

- welche Personen und Organisationen mit den distributionspolitischen Aufgaben betraut werden (**Distributionsorgane**)
- auf welchen Wegen die Produkte an die Nutzer gelangen (**Absatzwege**)
- welche Verkaufsmethoden eingesetzt werden sollen (**Verkaufstypologien**).

Die Entscheidungen in den drei Dimensionen der Distributionspolitik beeinflussen sich gegenseitig (Interdependenz). Das bedeutet, dass eine Entscheidung in einer Dimension die Entscheidungen in der anderen Dimension beeinflusst.

Die Aufgaben der Distributionspolitik können eingeteilt werden in:

- akquisitorische Distribution
- physische Distribution.

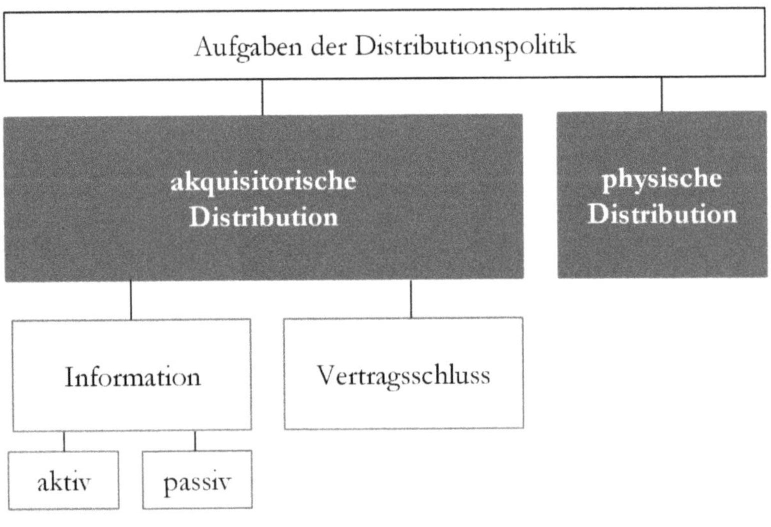

Abb. 25: Aufgaben der Distributionspolitik

Bei der **akquisitorischen Distribution** bearbeiten die Distributionsorgane zwei Aufgabenfelder:

- Im Rahmen der **Information** gibt das Distributionsorgan Informationen über das Unternehmen und die Produkte an den potenziellen Kunden weiter (**aktive Information**). Daneben kann es auch Aufgabe sein, Marktforschung zu betreiben und Informationen über den Kunden und seine Nachfrage zu erlangen (**passive Information**).
- Bei der Aufgabe des **Vertragsschlusses** geht es um die Vorbereitung und konkrete Durchführung von Kaufabschlüssen.

Die **physische Distribution** umfasst die körperliche Transformation der Güter zwischen Anbietern und Nachfragern. Sie betrifft Entscheidungen zur Lagerhaltung, zum Transport und zur Lieferung der Produkte.

Distributionspolitische Aufgaben können von einem Distributionsorgan vollständig allein erfüllt oder aber auf mehrere Distributionsorgane verteilt werden (**getrennte oder gemeinsame Erfüllung**):

- *Der Mitarbeiter des Tiefkühlheimdienstes übergibt dem Kunden an der Haustür den aktuellen Katalog und berät zu den Produkten (aktive Information), gibt Kundenwünsche an die Zentrale weiter (passive Information), füllt das Bestellformular aus, holt die Unterschrift des Kunden ein (Vertragsschluss) und holt anschließend die Tiefkühlprodukte aus dem Fahrzeug (physische Distribution).*
- *Der Außendienstmitarbeiter für Modeschmuck besucht die kleinen Boutiquen, in denen der Schmuck an den Konsumenten verkauft wird, berät über neue Schmuckvarianten (aktive Information), erfährt Neuigkeiten über das Sortiment der Boutiquen (passive Information), gibt auf dem Notebook die Bestellung der Boutique ein (Vertragsschluss) und hat die besonders stark nachgefragten kleinen Schmuckstücke in seinem Kombi schon dabei (physische Distribution).*
- *Ein Pharmavertreter besucht Ärzte in deren Praxen und informiert über neue Medikamente (aktive Information). Der Arzt verschreibt später einem Patienten das Medikament (Vertragsschluss) und der Pharmagroßhandel und die Apotheken sorgen für die körperliche Verteilung der Arzneimittel zum Patienten (physische Distribution).*
- *Ein Markenartikelhersteller vertreibt seine Lebensmittelprodukte über den Einzelhandel. Außendienstmitarbeiter beraten die Einzelhändler vor Ort und informieren über neue Produkte (aktive Information). Sie erhalten auch Informationen zum Konsumentenverhalten und über die Bedürfnisse der Kunden (passive Information). Das Einzelhandelsunternehmen gibt die Bestellung nun per Fax an die Verkaufsabteilung des Markenartikelherstellers (Vertragsschluss). Eine externe Spedition liefert daraufhin die Markenartikel an das Zentrallager des Einzelhandelsunternehmens (physische Distribution). Das Handelsunternehmen sorgt mit eigenen Lastwagen nun für den Weitertransport in die Filialen (physische Distribution). Es stellt die Produkte dort ins Regal, wo sie von Kunden angeschaut und begutachtet werden können; Mitarbeiter beraten die Konsumenten*

über das Markenprodukt (aktive Information). Der Konsument bezahlt die Ware an der Kasse des Handelsunternehmens (Vertragsschluss).

Distributionspolitische Entscheidungen sind konstitutive Entscheidungen, die nur mit großem Kosten- und Zeitaufwand wieder rückgängig gemacht oder verändert werden können. *Wenn sich z. B. ein Konsumgüterhersteller entschieden hat, seine Produkte über eigene Filialen zu vertreiben, so kostet sowohl der Aufbau als auch bei Misserfolg der Rückbau des Filialnetzes viel Zeit und Geld.*

8.2 Physische Distribution

Die physische Distribution ist nicht nur eine Aufgabe für Logistiker, Techniker und Ingenieure, sondern auch für Betriebswirte, weil die physische Distribution eine **absatzbeeinflussende Wirkung** entfaltet. Sie kann sowohl aktuelle als auch zukünftige Kaufentscheidungen beeinflussen.

Bei der physischen Distribution ist es möglich, dass sich ein Unternehmen durch besondere Leistungen oder durch besonders niedrige Kosten von seinen Wettbewerbern differenziert und damit Kunden gewinnt. Die mangelhafte Erfüllung der physischen Distribution kann zur Unzufriedenheit beim Kunden führen und die Abwanderung von Kunden zur Folge haben.

Insofern haben Betriebswirte über die Ausgestaltung der physischen Distribution zu entscheiden, während Logistiker, Techniker und Ingenieure die technischen Rahmenmöglichkeiten festlegen und für die Umsetzung verantwortlich zeichnen.

Besonders die folgenden Dimensionen der physischen Distribution haben einen Einfluss auf die Kundenzufriedenheit:

- Die versprochene Lieferzeit (**Liefergeschwindigkeit**) kann Kunden dazu bewegen, bei dem Unternehmen zu bestellen. Dies gilt vor allem, wenn es sich für den Kunden um einen dringenden Bedarf handelt. *Im Internetbuchhandel z. B. ist die kürzere Lieferzeit ein wichtiges Entscheidungs- und Unterscheidungskriterium, weil ein Buch ein vollkommen standardisiertes Produkt ist und es wegen der Buchpreisbindung keine Preisunterschiede gibt. Steht in einer Werkhalle die Fertigung still, weil eine Maschine defekt ist und das nötige Ersatzteil fehlt, wird sich das Fertigungsunternehmen für den Reparaturdienst mit der kürzesten versprochenen Lieferzeit entscheiden.*
- Wichtig ist auch die Einhaltung der versprochenen Lieferzeit (**Lieferzuverlässigkeit**, **Pünktlichkeit**). Wenn die versprochene Lieferzeit nicht eingehalten wird, wird der Kunde vermutlich unzufrieden sein und vielleicht abwandern. Bei der **Just-in-time-Produktion**, bei der die angelieferten Materialien sofort weiterverarbeitet werden, ist die Lieferzuverlässigkeit wichtiger als die Liefer-

zeit. Gleiches gilt für das **Cross-Docking**, bei dem ein Handelsunternehmen die angelieferten Waren nicht im Zentrallager aufbewahrt, sondern sofort auf die Filialen weiterverteilt.

- Beim Thema **Lieferbeschaffenheit** ist wichtig, dass die Produkte in richtiger Art und Menge zum Kunden gelangen. Fehlerhafte Lieferbeschaffenheit führt zu Reklamationen und Rücksendungen auf Kosten des Lieferanten (Retouren).
- Ein Unternehmen kann sich dadurch differenzieren, dass es im Rahmen seiner Liefer-, Lager- und Transportpolitik besonders flexibel auf die Kundenwünsche eingehen kann (**Lieferflexibilität**). Dies kann z. B. Verpackungen, besondere Anlieferzeiten und die Sendungsverfolgung auf dem Weg zum Kunden betreffen.

Vor allem in folgenden Feldern kann im Rahmen der physischen Distribution entschieden werden:

- **Information** (z. B. Auftragsübermittlung, Auftragsbearbeitung, Automatisierungsgrad der Auftragsermittlung, Zusammenarbeit mit Lieferanten und Kunden bei der Informationsübermittlung, Efficient Consumer Response)
- **Lagerhaltung** (z. B. Anzahl, Standorte, Kapazitäten und Liefergebiete der Lagerstätten, technische Einrichtung der Lagerstätten, Konzeption der Lagerorte in der Lagerstätte, Lagermethoden, Lagerbestände, Bestandsprognosemethoden und Sicherheitsbestände, Bestellmengen und Bestellzeitpunkte, Ablauf- und Personalorganisation in der Lagerhaltung)
- **Transport** (z. B. Auswahl und Kombination der eingesetzten Transportmittel, Eigen- oder Fremdbetrieb des Transports, Transportwege, Ablauf- und Personalorganisation im Transportwesen).

8.3 Interne Distributionsorgane

Distributionsorgane
Distributionsorgane sind Personen und Organisationen, die von einem distribuierenden Unternehmen mit den distributionspolitischen Aufgaben betraut werden.

Es können interne Distributionsorgane und externe Distributionsorgane unterschieden werden:

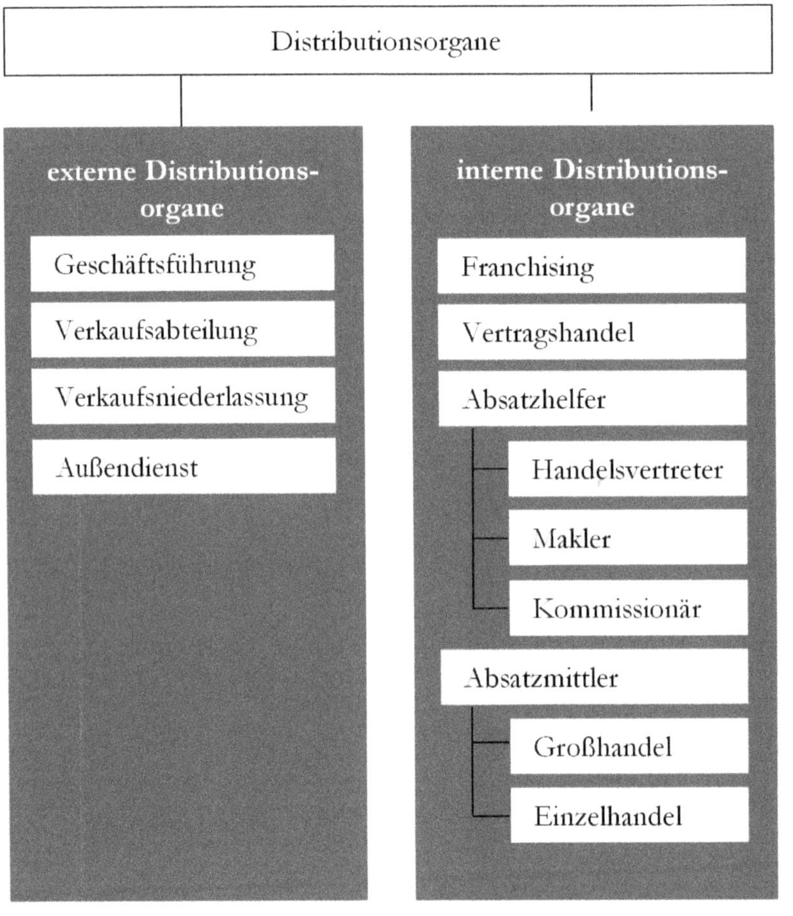

Abb. 26: Distributionsorgane

Interne Distributionsorgane
Interne Distributionsorgane sind Distributionsorgane, die rechtlich zum Unternehmen gehören. Dies können Personen (Mitarbeiter) und Organisationen (Abteilungen, Filialen, Tochtergesellschaften) sein.

Die **Geschäftsführung** selbst kann Distributionsorgan eines Unternehmens sein. Dies gilt bei ungewöhnlicher Größe des Auftrags, bei überragender Bedeutung eines Kunden, bei begrenzter Anzahl der Kunden und bei klein- und mittelständischen Unternehmen, die keine eigene Verkaufs- und Vertriebsabteilung haben.

In der Organisation des Unternehmens kann es eine **Verkaufsabteilung** oder **Vertriebsabteilung** geben, die Aufgaben der akquisitorischen Distribution übernimmt. Bei Existenz eines Außendienstes übernimmt die Verkaufsabteilung meist die Abwicklung der Aufträge des Außendienstes (Backoffice).

Ein Unternehmen kann auch eigene Verkaufsorgane haben, die als selbstständige Verkaufsstandorte rechtlich und wirtschaftlich in die Organisation des Herstellers eingebunden sind (**Verkaufsniederlassung, Filiale**). Gründe können die gewünschte Nähe zu den Abnehmern sowie die Möglichkeit der intensiven Beratung der Kunden, der schnellen Lieferung sowie weiterer Kundendienstleistungen sein.

- Zum Hersteller gehörende Filialen werden auch **Werksniederlassungen** genannt. *Die Firma WMF z. B. verkauft ihre Haushaltswaren über eigene Filialen in den Innenstädten. Viele Automobilhersteller haben werkseigene Niederlassungen (z. B. Mercedes-Benz Niederlassung Mainz, BMW Niederlassung Wiesbaden).*
- Verkaufsniederlassungen im Ausland werden **Auslandsniederlassungen** genannt. Häufig ist neben der räumlichen Nähe auch die kulturelle Nähe zu den Kunden im Ausland wichtig. *Siemens z. B. hat eine Niederlassung in Österreich, auch wenn die österreichischen Kunden ebenso gut von München aus betreut werden könnten.*
- Verkaufsniederlassungen am Produktionsstandort heißen **Werksverkauf** oder **Fabrikverkauf**. Viele Herstellerunternehmen nutzen den Werksverkauf, um zu viel produzierte Waren, Produkte der abgelaufenen Saison und fehlerhafte Waren (B-Ware) zu verkaufen. *Haribo z. B. verkauft in seinem Fabrikverkauf in Bonn Gummibärchen, die wegen eines Produktionsfehlers verklebt sind oder fehlerhafte Verpackungen haben.*
- **Factory Outlet Center** (FOC) sind Einkaufszentren an autobahnnahen Standorten, in denen Hersteller innenstadtrelevante Waren wie Bekleidung, Schuhe, Sportartikel, Hausrat, Porzellan, Glasware und Unterhaltungselektronik unter Umgehung des Einzelhandels direkt an Kunden verkaufen. Große bekannte Factory Outlet Center gibt es in Deutschland z.B. in Zweibrücken, in Ingolstadt und in Wertheim.

Viele Unternehmen, die an gewerbliche Kunden verkaufen, haben einen eigenen **Außendienst**, eine Organisation von Mitarbeitern, welche die Kunden besuchen. Außendienstmitarbeiter werden auch **Handlungsgehilfen** oder **Reisende** genannt.

Außendienstmitarbeiter sind Angestellte des Unternehmens und damit weisungsgebunden. Es gibt verschiedene Erscheinungsformen:

- **Besuchsverkäufer** fahren zu den meist gewerblichen Kunden und beraten die Kunden vor Ort (z. B. der Außendienstmitarbeiter einer Werkzeugfirma, der zu Handwerkern fährt, um neue Werkzeuge vorzustellen und zu verkaufen).
- **Haustürverkäufer** sind Außendienstmitarbeiter, die Konsumenten zu Hause (an deren Haustür) besuchen *(z. B. der Außendienstmitarbeiter einer Staubsaugerfirma, der Verbrauchern zu Hause die Funktion der Geräte vorstellt).*

- **Auslieferungsverkäufer** sind Außendienstmitarbeiter, die neben der akquisitorischen Distribution auch die physische Distribution übernehmen und die Produkte selbst an die Kunden übergeben *(z. B. bei Tiefkühlheimdiensten).*
- **Beratungsverkäufer** sind Außendienstmitarbeiter, die nur die beratende Funktion übernehmen, aber keine Verkaufsabschlüsse durchführen *(z. B. Referenten von Pharmaunternehmen, die Ärzte über neue Arzneimittel informieren).*
- **Markenartikelreisende** sind Außendienstmitarbeiter von Markenherstellern, die sich umfassend um die Präsentation der Marke im Handel kümmern *(z. B. Außendienstmitarbeiter eines Gewürzherstellers, die Supermärkte besuchen, das Gewürzregal sauber machen, die Gewürze regelmäßig auffüllen sowie Werbeplakate und Gewinnspielkarten am Gewürzregal anbringen).*

8.4 Externe Distributionsorgane

Externe Distributionsorgane
Externe Distributionsorgane sind unternehmensfremde Personen und Institutionen, die von dem distribuierenden Unternehmen mit distributionspolitischen Aufgaben beauftragt werden. Sie sind prinzipiell rechtlich und wirtschaftlich von dem beauftragenden Unternehmen unabhängig.

Externe Distributionsorgane wirken als **Transaktionskostenminimierer**. Transaktionskosten sind Kosten, die für die Beteiligten mit einer wirtschaftlichen Transaktion, also einem Kauf oder Verkauf, verbunden sind. Dies sind z. B. Informationskosten, Suchkosten, Wegekosten, Zeitkosten, Kosten beim Wechsel des Lieferanten (Wechselkosten) und Kontrollkosten. Die Einschaltung externer Distributionsorgane muss für einen oder mehrere Beteiligte die Transaktionskosten verringern. Ansonsten würde es sich nicht lohnen, externe Distributionsorgane für den Vertrieb der Produkte zu nutzen.

Franchising und Vertragshändler sind externe Distributionsorgane, die zwar rechtlich unabhängig sind, aber wirtschaftlich in starker Abhängigkeit zu dem distribuierenden Unternehmen stehen.

- Beim **Franchising** schließt das distribuierende Unternehmen (Franchisegeber) einen Vertrag mit einem selbstständigen Unternehmen (Franchisenehmer). Im Ergebnis können die Kunden nur schwer erkennen, dass es sich nicht um eigene Niederlassungen, sondern um Geschäfte eines unabhängigen Geschäftspartners handelt. Die hohe wirtschaftliche Abhängigkeit des Franchisenehmers vom Franchisegeber führt dazu, dass das Franchising aus Sicht des Franchisegebers auch als quasi unternehmenseigenes Vertriebssystem bezeichnet werden kann. *In der Gastronomie z. B. sind Franchisekonzepte sehr verbreitet, wie die Unternehmen McDonalds, Burger King, Nordsee und Subway zei-*

gen. Aber auch in anderen Branchen wie bei Musikschulen, Nachhilfeanbietern, Reisebüros und Hotels gibt es oft Franchising.

- **Vertragshändler** sind rechtlich selbstständige Handelsunternehmen, die durch einen Händlervertrag an den distribuierenden Hersteller gebunden sind. Dieser Vertrag sieht Rechte und Pflichten für die beiden Vertragspartner vor. *Volkswagen z. B. vertreibt seine Fahrzeuge vor allem über Vertragshändler, die Mindestabnahmemengen garantieren und Verkaufs- und Werkstattvorgaben von Volkswagen einzuhalten haben. Im Gegenzug werden die Vertragshändler mit Werbematerial von Volkswagen ausgestattet und dürfen die Markenzeichen von Volkswagen nutzen.*

Absatzhelfer
Absatzhelfer sind externe Distributionsorgane, die (im Gegensatz zu den Absatzmittlern) kein Eigentum an der zu distribuierenden Ware erwerben.

Als **Absatzhelfer im engeren Sinne** bezeichnet man Handelsvertreter, Makler und Kommissionäre.

- **Handelsvertreter** sind selbstständige Distributionsorgane, die ähnliche Aufgaben wie ein Außendienstmitarbeiter übernehmen. Sie tun dies aber als selbstständige Unternehmer für fremde Rechnung und in fremdem Namen und sind nicht weisungsgebunden. Sie werden durch eine meist umsatzabhängige Provision entlohnt.

  Für den Hersteller hat die Nutzung von Handelsvertretern anstelle von Außendienstmitarbeitern den Vorteil, dass der vorhandene Kundenstamm des Handelsvertreters sofort genutzt werden kann, wegen des fehlenden Festgehalts kein Auslastungsrisiko besteht und das eigene Sortiment durch die Zweitsortimente des Handelsvertreters ergänzt werden kann. *So kann z. B. ein deutscher Schuhcremehersteller mit italienischen Handelsvertretern zusammenarbeiten, um sofort Kontakt zu vielen italienischen Schuhgeschäften zu bekommen und von den langjährigen Kontakten des Handelsvertreters zu profitieren.*

  Allerdings haben Handelsvertreter im Vergleich zu eigenen Außendienstmitarbeitern den Nachteil, dass sie wegen der fehlenden Weisungsgebundenheit nur schlecht steuerbar sind, der Hersteller keinen direkten Kontakt zu Kunden hat und mitunter Unsicherheit über das Engagement besteht.
- **Makler** vermitteln im Auftrag von Anbietern oder Nachfragern einen Kaufvertrag. Sie haben Bedeutung im Grundstücks- und Immobilienhandel, bei Versicherungen und Finanzdienstleistungen sowie bei Versteigerungen von Agrarprodukten. Makler werden mit einer umsatzabhängigen Provision (Courtage) entlohnt.
- **Kommissionäre** handeln in eigenem Namen für fremde Rechnung, indem sie Ware des distribuierenden Unternehmens an Kunden verkaufen. Die Ware

bleibt bis zum Verkauf im Eigentum des Herstellers. Kommissionäre haben ihre Bedeutung im Wertpapiergeschäft und im Agrarprodukthandel. *Es gibt z. B. Kommissionäre von Kartoffeln, von denen die Bauern ihre Kartoffeln an die Lebensmittelindustrie verkaufen lassen.*

Als **Absatzhelfer im weiteren Sinne** werden sonstige absatzunterstützende Dienstleister bezeichnet, die bei der Durchführung der Distributionspolitik helfen und kein Eigentum erwerben. Dies sind

- Warenlogistik-Dienstleister wie Spediteure und Lagerhalter
- Finanzdienstleister wie Kreditinstitute, Versicherungen und Factoring-Gesellschaften
- Marketingdienstleister wie Marktforschungsunternehmen, Werbeagenturen, Promotion-Agenturen und Callcenter-Betreiber

Absatzmittler
Absatzmittler sind externe Distributionsorgane, die Eigentum an der zu distribuierenden Ware erwerben.

Das bedeutet also, dass das Verkaufsrisiko auf die Absatzmittler übergeht. Absatzmittler sind Handelsunternehmen, die unterschieden werden in:

- Großhandel
- Einzelhandel

8.5 Großhandel

Großhandel
Der Großhandel verkauft (im Unterschied zum Einzelhandel) vorwiegend an Wiederverkäufer, Weiterverarbeiter und Großverbraucher wie Industrieunternehmen, Behörden und Handwerker.

Der Begriff Großhandel kommt daher, dass in diesen Handelsunternehmen üblicherweise große Mengen gehandelt werden. In der Praxis gibt es viele Formen von Großhandelsunternehmen, die sich anhand verschiedener Kriterien klassifizieren lassen:

- Unterscheidung nach der regionalen Ausrichtung:
  - Der **Binnengroßhandel** hat inländische Lieferanten und inländische Kunden.
  - Beim **Außengroßhandel** in seinen drei Ausprägungen ist dies anders: Der **Importgroßhandel** hat ausländische Lieferanten und inländische Kunden (*z. B. Bananen- oder Kaffeeimportgroßhändler*), beim **Exportgroßhandel** ist es umgekehrt (*z. B. Maschinen- und Schraubengroßhändler*). Wenn Lie-

feranten und Kunden im Ausland sitzen, spricht man von **Transitgroßhandel** (*z. B. ein deutscher Kaffeegroßhändler, der auch Röstereien in Dänemark und Norwegen beliefert*).

- Unterscheidung nach der Funktionserfüllung:
  - Der **Streckengroßhandel** verkauft seine Ware „auf Strecke". Dies bedeutet, dass die Ware zwar rechtlich an den Großhändler verkauft wird, selbst aber beim Hersteller verbleibt. Sie wird erst dann zum Kunden transportiert, wenn der Großhändler sie verkauft hat (*z. B. Papiergroßhandel, bei dem die Größe und das Gewicht der tonnenschweren Papierrollen den Transport erschweren*).
  - Beim **Lagergroßhandel** liegt der Schwerpunkt auf der Lagerung und der schnellen Verfügbarkeit der Waren (*z. B. ein Schraubengroßhändler, der alle Varianten von Spezialschrauben vorrätig hat*).
  - Der **Zustellgroßhandel** beliefert die gewerblichen Kunden, um ihnen den Weg zum Großhändler zu ersparen (*z. B. ein Lebensmittelgroßhändler, der Kantinen und Großküchen beliefert*).
  - Beim **Bedienungsgroßhandel** liegt der Schwerpunkt auf Bedienung und Beratung der Kunden.
  - Im **Cash&Carry-Großhandel** ähneln Großhandelsunternehmen, die Selbstbedienungswarenhäusern des Einzelhandels ähneln. Die gewerblichen Kunden können dort mit entsprechender Berechtigung wie im Supermarkt einkaufen.
- Unterscheidung nach dem Schwerpunkt der Markttätigkeit:
  - Der **Beschaffungsgroßhandel** (kollektierender Großhandel) hat seinen Schwerpunkt auf der Beschaffungsseite und kauft kleinere Mengen ein, um größere Mengen weiterzuverkaufen (*z. B. ein Metallgroßhändler, der kleine Mengen Metall von Unternehmen und Privatverbrauchern aufkauft, sortiert und dann sortenrein in größeren Mengen an die Metallindustrie verkauft; oder ein Agrargroßhändler, der vergleichsweise kleine Mengen an Kartoffeln aufkauft und dann größere Mengen an die kartoffelverarbeitende Lebensmittelindustrie verkauft*).
  - Der **Absatzgroßhandel** (distribuierender Großhandel) ist die häufigere Form des Großhandels, wo größere Mengen beim Lieferanten eingekauft und kleinere Mengen an die gewerblichen Kunden weiterverkauft werden.

8.6 Einzelhandel

Einzelhandel
Der Einzelhandel verkauft (im Unterschied zum Großhandel) vorwiegend an Endverbraucher.

Der Begriff Einzelhandel kommt daher, dass in diesen Handelsunternehmen üblicherweise einzelne Stücke gehandelt werden. Drei Formen des Einzelhandels können unterschieden werden:

- Beim **stationären Einzelhandel** ist die Verkaufsstätte des Einzelhändlers an einem festen Standort (*z. B. Kaufhaus, Supermarkt, Kiosk, Automat*).
- Beim **ambulanten Einzelhandel** ist die Verkaufsstätte beweglich und ändert ihren Standort *(z. B. Verkauf aus dem Fahrzeug („Rollender Supermarkt"), Wochenmarktverkauf, Bauchladenverkauf, Partyverkauf, Haustürverkauf).*
- Beim **Versandeinzelhandel** gibt es keine vom Kunden besuchbare Verkaufsstätte; die Ware wird angeliefert *(z. B. Internetverkauf, Katalogverkauf)*.

In der Praxis haben sich viele Formen des Einzelhandels herausgebildet, z. B.

- **sortimentsorientierte Fachgeschäfte**, die kein breites, aber ein tiefes Produktsortiment verkaufen *(z. B. Krawattenladen, Buchhandel, Fischgeschäft)*
- **bedarfsorientierte Fachgeschäfte**, die kein tiefes, aber ein breites Produktsortiment verkaufen *(z. B. Alles-für-das-Kind-Geschäfte; ein Spezialversand mit allem, was Schiedsrichter benötigen; ein Spezialgeschäft mit allem, was Angler benötigen)*
- **Discounter**, die ein vergleichsweise kleines Sortiment des täglichen Bedarfs zu günstigen Preisen verkaufen
- **Kaufhäuser**, **Warenhäuser**, **SB-Warenhäuser**, **Verbrauchermärkte**, **Supermärkte**, die allesamt in verschiedenen Flächengrößen Güter des täglichen Bedarfs und evtl. Bekleidung, Haushaltswaren und weitere Sortimente verkaufen
- **Automaten**, die selbsterklärende Produkte in Form der totalen Selbstbedienung (inklusive Zahlungsvorgang) anbieten (*z. B. Fahrkartenautomaten, Zigarettenautomaten, Getränkeautomaten, Automaten mit Elektronikzubehör an Flughäfen*)
- **Fachmärkte**, die eine Mischung aus Fachgeschäft und Verbrauchermarkt darstellen (*z. B. Baumarkt, Elektronikmarkt*)
- **Partiediscounter**, die sich auf den Abverkauf von Waren aus Brandschäden, Versicherungsschäden, Unfällen und Insolvenzen spezialisiert haben (*z. B. Restpostenmärkte*)
- **Versandhäuser** und **Spezialversender**, die sich im Internet und mit Katalogen an die Konsumenten wenden und die Ware per Post anliefern

- **Nahversorgerladen** („Tante-Emma-Laden"), der ein kleines Sortiment des täglichen Bedarfs mit Schwerpunkt auf frischem Obst und Gemüse in Dörfern oder Stadtteilen anbietet
- **Einkaufsgenossenschaften**, die sich ursprünglich als Zusammenschluss mehrerer Einzelhändler zum Zwecke günstigerer Beschaffungskosten gebildet haben (*z. B. EDEKA*)
- **Convenience Stores** wie Tankstellen und Kioske, die vorwiegend Produkte verkaufen, die sofort oder bald nach dem Kauf konsumiert werden können.

8.7 Marktveranstaltungen

Marktveranstaltungen
Marktveranstaltungen sind institutionalisierte Gelegenheiten zur Gewinnung von Informationen, zur Herstellung und Pflege von Kontakten und zur Anbahnung und dem Abschluss von Geschäften.

Auf Marktveranstaltungen treffen Anbieter und Nachfrager geplant und nicht zufällig zusammen. Es gibt verschiedene Formen:

- Auf **Wochenmärkten** und **Tagesmärkten** gibt es für Konsumenten und Gastronomie in angenehmer Atmosphäre frische Artikel wie Obst, Gemüse, Wurst, Käse und Blumen.
- In **Großmärkten** werden in der Nacht und am frühen Morgen frische und leicht verderbliche Artikel wie Obst, Gemüse, Fisch und Blumen an Einzelhändler und Gastronomie verkauft, die meist noch am selben Tag weiterverarbeitet oder weiterverkauft werden.
- **Messen** und **Ausstellungen** sind für Anbieter und Nachfrager eine Gelegenheit, sich zu treffen, neue Produkte vorzustellen und kennenzulernen und Kaufverträge miteinander zu verhandeln und abzuschließen. Früher war der definitorische Unterschied zwischen den beiden Begriffen, dass auf Messen auch gekauft werden konnte, während Ausstellungen nur der Information dienten. Heute spielt diese Unterscheidung keine Rolle mehr. *(z. B. Photokina, Internationale Süßwarenmesse und Allgemeine Nahrungs- und Genussmittelausstellung (Anuga) in Köln; Buchmesse und Musikmesse in Frankfurt am Main).*
- Auf **Auktionen** werden Waren versteigert (*z. B. Blumen, Felle, Holz, Kunstgegenstände, historische Fahrzeuge*). Handelt es sich um standardisierte Waren, die vom Nachfrager nicht im Einzelfall begutachtet werden müssen, findet die Auktion an **Warenbörsen** statt *(z. B. Zucker einer bestimmten Güteklasse, Getreide einer bestimmten Handelsklasse, Schweinehälften).*

8.8 Absatzwegepolitik

Absatzwegepolitik
Die Absatzwegepolitik beschäftigt sich mit der Gestaltung der Absatzwege vom Unternehmen zum Kunden.

In der Absatzwegepolitik müssen vom Unternehmen mehrere Grundsatzentscheidungen getroffen werden:

- direkter oder indirekter Absatz oder beides
- exklusiver, selektiver, intensiver oder ubiquitärer Absatz
- eingleisiger oder mehrgleisiger Absatz (Multi-Channeling)

So muss entschieden werden, ob das Unternehmen direkt an diejenigen Kunden verkauft, die das Produkt verwenden:

- Beim **direkten Absatz** verkauft das Unternehmen direkt an die Verwender, also ohne Einschaltung von Absatzhelfern und Absatzmittlern. Dadurch hat das Unternehmen einen großen Einfluss auf den Vertriebskanal sowie unmittelbaren Zugang zu den Kunden und damit auch zu Informationen über deren Verhalten. Gewählt wird der direkte Absatz oft bei Unternehmen mit erklärungsbedürftigen Produkten, bei sortimentsungebundenen Produkten, die nicht mit anderen Produkten anderer Hersteller gemeinsam vertrieben werden müssen, und bei Unternehmen mit nur wenigen großen Kunden, die kostengünstig direkt bearbeitet werden können.
- Beim **indirekten Absatz** verkauft das Unternehmen seine Produkte nur an Absatzhelfer und Absatzmittler, so dass das Unternehmen nicht direkt mit den Verbrauchern und Gebrauchern des Produkts in Kontakt tritt.

  Der indirekte Absatz hat für distribuierende Unternehmen den Vorteil, dass mit geringerem Kapitalaufwand ein großer Anteil der relevanten Kundengruppe erreicht werden kann. Gewählt wird der indirekte Vertrieb häufig bei Unternehmen mit Markenartikeln, bei nicht erklärungsbedürftigen und nicht sortimentsgebundenen Produkten oder mit vielen kleinen Kunden, die ohne Einschaltung von Absatzhelfern und Absatzmittlern wie dem Handel nicht zu erreichen wären.

In der Absatzwegepolitik muss die Entscheidung getroffen werden, wieviele Absatzmittler in der Absatzkette eingesetzt werden:

- Beim **exklusiven Absatz** verkauft das Unternehmen seine Produkte über wenige Absatzwege und nur an wenige, ausgewählte Absatzmittler (*z. B. eine Manufaktur von edlen Uhren, die nur mit wenigen ausgewählten Juwelieren zusammenarbeitet, die sich dann exklusiver Partner nennen können*).

- Beim **selektiven Absatz** verkauft das Unternehmen an alle Absatzmittler, welche die Kriterien des Handelsunternehmens erfüllen. Diese Kriterien können qualitativ (z. B. Mindestabsatz, Mindestumsatz, Zahl der Kunden, Einzugsgebiet, Mindestverkaufsfläche, Schaufensterfläche) und qualitativ (z. B. Qualifikation der Mitarbeiter, Teilnahme an Fortbildungen, Gestaltung der Verkaufsfläche, Baudesign) sein *(z. B. ein Automobilhersteller, der mit allen Autohändlern zusammenarbeitet, welche die festgelegten Mindestanforderungen erfüllen).*
- Beim **intensiven Absatz** verkauft das Unternehmen an alle Absatzmittler, die das Produkt kaufen und weiterverkaufen möchten *(z. B. ein Konsumgüterhersteller, der an alle Lebensmittelhändler verkauft, die seine Produkte ins Sortiment einlisten möchten).*
- Beim **ubiquitären Absatz** (Ubiquität, Überall-Erhältlichkeit) verkauft das Unternehmen an möglichst viele Absatzmittler, und dies selbst dann, wenn es aus wirtschaftlichen Gründen eigentlich nicht sinnvoll ist *(z. B. Coca-Cola, das Wert darauf legt, dass seine Produkte in möglichst vielen Ländern der Welt gekauft werden können).*

Es muss in der Absatzwegepolitik auch entschieden werden, über wieviele Absatzwege das Unternehmen seine Produkte verkauft:

- Beim **eingleisigen Absatz** hat das Unternehmen nur einen einzigen Absatzweg, über den die Produkte vertrieben werden *(z. B. ein Plastikgeschirrhersteller, der seine Frischhaltedosen ausschließlich über Partyverkauf vertreibt; oder ein Marmeladenhersteller, der seine Produkte ausschließlich über den Einzelhandel verkauft).*
- Beim **mehrgleisigen Absatz** (**Multi-Channeling**) verkauft das Unternehmen seine Produkte über mehrere Absatzkanäle. In den letzten Jahren ist ein Trend zum Multi-Channeling festzustellen und dies vor allem deswegen, weil viele Hersteller zusätzlich zu den bisherigen Vertriebswegen das Internet als Absatzkanal entwickelt haben (*z. B. ein Sportartikelhersteller, der seine Produkte über den Sporteinzelhandel, über einen eigenen Internetshop, über eigene Geschäfte in Factory Outlet Centern und einen Fabrikverkauf verkauft; oder die Deutsche Bahn, die ihre Tickets über mehrere Absatzwege verkauft: Schalter im Bahnhof, Reisebüro, Automat, Internet, Handy, NFC-Ticket, Sondertickets in Zusammenarbeit mit Lebensmittelhändlern oder Fast-Food-Ketten, oder vom Zugbegleiter im fahrenden Zug*).

8.9 Verkaufstypologie

Verkaufstypologie
Die Verkaufstypologie bezeichnet die Form des Kontakts zum Kunden.

Das Unternehmen muss entscheiden, wie es mit dem Kunden in Kontakt tritt und kommuniziert. Beim **persönlichen Verkauf**, bei dem sich der Anbieter und der Kunde (bzw. bei Institutionen wie Unternehmen oder staatlichen Stellen deren Mitarbeiter) persönlich begegnen, gibt es drei Formen:

- Beim **Domizilprinzip** treffen sich Unternehmen und Kunde beim Kunden (z. B. Haustürverkauf bei Privathaushalten, Außendienstbesuch beim Industrieunternehmen).
- Beim **Residenzprinzip** treffen sich Unternehmen und Kunde beim Unternehmen (*z. B. Filialverkauf*).
- Beim **Treffprinzip** treffen sich Unternehmen und Kunden an einem dritten Ort (*z. B. Wochenmarkt, Messe, Auktion*).

Heute haben sich viele Verkaufsformen herausgebildet:

- Beim **Haustürverkauf** wird Privathaushalten etwas an deren Haustür angeboten.
- Beim **Filialverkauf** kommen Kunden in die Zweigstellen des Anbieters.
- Beim **Fahrverkauf** werden Produkte mit einer mobilen Verkaufsstätte verkauft (*z. B. „Rollender Supermarkt“ auf dem Land, Tiefkühlheimdienste, Eiswagen*).
- Beim **Party-** oder **Eventverkauf** werden die Produkte im Rahmen einer Veranstaltung verkauft, die meist auch Produktvorführungen und Produktproben beinhaltet *(z. B. Tupperparty, Dessousparty, Kerzenparty und Kaffeefahrt*).
- Beim **Telefonverkauf** oder **Telefonkonferenzverkauf** findet der Kontakt distanzpersönlich statt (persönlicher Verkauf auf Distanz).
- Beim **Teleshopping** wird das Fernsehen in Verkaufssendern oder Dauerwerbesendungen als Präsentationsmedium genutzt.
- Beim **E-Commerce** (Electronic Commerce) wird das Internet als Verkaufsplattform genutzt.
- Beim **M-Commerce** (Mobile Commerce) findet der Verkauf mittels einer Softwareanwendung auf einem Smartphone statt.

8.10 Fragen

Absatzhelfer erwerben Eigentum an der Ware, Absatzmittler nicht.

☐ richtig ☐ falsch

Außendienstmitarbeiter sind interne Distributionsorgane.

☐ richtig ☐ falsch

Bei vielen kleinen Abnehmern empfiehlt sich der direkte Absatz.

☐ richtig ☐ falsch

Beim exklusiven Absatz setzt ein Hersteller alle Händler ein, die festgelegte Kriterien erfüllen.

☐ richtig ☐ falsch

Beim Vertrieb erklärungsbedürftiger Produkte empfiehlt sich der indirekte Absatz.

☐ richtig ☐ falsch

Der Großhandel hat vorwiegend Wiederverkäufer, Weiterverarbeiter und Großverbraucher als Kunden.

☐ richtig ☐ falsch

Der Streckengroßhandel legt einen besonderen Schwerpunkt seiner Aufgabenerfüllung auf die Lagerhaltung der gehandelten Güter.

☐ richtig ☐ falsch

Der Vertragshandel ist eine Form des intensiven Vertriebs.

☐ richtig ☐ falsch

Die Aufgaben der Handelsvertreter entsprechen den Aufgaben des Außendienstmitarbeiters.

☐ richtig ☐ falsch

Die physische Distribution kann den Absatz nicht beeinflussen.

☐ richtig ☐ falsch

Franchising kann wegen der hohen wirtschaftlichen Abhängigkeit auch als quasi-internes Distributionsorgan gesehen werden.

☐ richtig ☐ falsch

Handelsunternehmen sind Transaktionskostenmaximierer.

☐ richtig ☐ falsch

Im Rahmen der passiven Informationsaufgabe gibt ein Distributionsorgan Informationen an den Kunden.

☐ richtig ☐ falsch

Ubiquitärer Absatz bedeutet, dass ein Hersteller möglichst viele Absatzmittler einsetzt, auch wenn es im Einzelfall wirtschaftlich nicht sinnvoll ist.

☐ richtig ☐ falsch

Unternehmen des Großhandels kaufen immer große Mengen ein und verkaufen immer kleinere Mengen.

☐ richtig ☐ falsch

8.11 Prüfungstipps

Welchen Prüfungstipp kann ich aus diesem Abschnitt ziehen?

In Prüfungen wird häufig gefordert, ■ die akquisitorische und die physische Distribution zu definieren ■ die Vorteile und Nachteile der einzelnen Distributionsorgane zu benennen ■ den Unterschied zwischen Absatzhelfern und Absatzmittlern deutlich zu machen ■ die verschiedenen Absatzwegepolitiken zu unterscheiden und anhand von Beispielen zu erläutern.

Schritt 9: Kommunikationspolitik

Lernhinweise

Was erwartet mich in diesem Kapitel?

In diesem Kapitel geht es um die Kommunikationspolitik, den letzten Bereich des Marketing-Mixes. Sie kennt viele verschiedene Instrumente, die allesamt erläutert und eingeordnet werden.

Welche Schlagwörter lerne ich kennen?

■ Kommunikationspolitik ■ Above-the-Line-Kommunikation ■ Below-the-Line-Kommunikation ■ Bekanntheit ■ Image ■ integrierte Marketing-Kommunikation ■ Push- und Pull-Strategie ■ Werbung ■ Verkaufsförderung ■ Öffentlichkeitsarbeit ■ Sponsoring ■ Direkt-Marketing ■ Product-Placement ■ Online-Marketing ■ Event-Marketing ■ Virales Marketing ■ Guerilla-Marketing ■ Ambient-Marketing ■ Ambush-Marketing ■ Social-Media-Marketing ■ Corporate Identity

Wofür benötige ich dieses Wissen?

Bei großen, aber auch bei kleinen und mittelständischen Unternehmen spielt die Kommunikationspolitik heute eine wichtige Rolle. Auch und gerade die modernen Instrumente, die das Internet als Kommunikationsmedium nutzen, werden eingesetzt.

9.1 Funktionen der Kommunikationspolitik

Kommunikationspolitik
Die Kommunikationspolitik als Teil des Marketing-Mixes umfasst alle Entscheidungen und Maßnahmen, die der Gestaltung von Informationen dienen, die auf die Umwelt und die Mitarbeiter des Unternehmens gerichtet sind.

Die Adressaten der Kommunikationspolitik können also nicht nur aktuelle, potenzielle und ehemalige Kunden sein, sondern auch aktuelle, potenzielle und ehemalige Lieferanten, aktuelle, potenzielle und ehemalige Eigentümer des Unternehmens, staatliche Stellen, Nichtregierungsorganisationen, Anwohner in der Nähe der Unternehmensstandorte, die allgemeine Öffentlichkeit und auch die aktuellen, potenziellen und ehemaligen Mitarbeiter.

Die verschiedenen Maßnahmen der Kommunikationspolitik können folgende Funktionen erfüllen:

- **Informationsfunktion**: Kommunikationspolitische Maßnahmen können die Aufgabe haben, über die Existenz eines Produkts sowie über dessen Preis, dessen Eigenschaften und Vorteile zu informieren. *Dies gilt z. B. für ein Werbeplakat für ein Produkt, einen Werbespot in Fernsehen oder Radio zur Produktneueinführung, Verkostungen im Lebensmitteleinzelhandel und eine E-Mail mit Produktinformationen.*
- **Positionierungsfunktion**: Kommunikationspolitische Maßnahmen können die Aufgabe haben, die Wahrnehmung eines Produkts zu beeinflussen, indem sie bestimmte Eigenschaften des Produktes hervorheben und damit gegenüber Wettbewerbsprodukten differenzieren. *Dies gilt z. B. bei Sponsoring-Aktivitäten, Öffentlichkeitsarbeit und Werbebotschaften, die deutlich machen, dass das Produkt, die Marke oder das Unternehmen besonders umweltfreundlich, besonders traditionell, besonders preisgünstig, besonders innovativ oder besonders jugendlich darstellen soll.*
- **Angriffsfunktion**: Kommunikationspolitische Maßnahmen können die Aufgabe haben, ein Konkurrenzunternehmen, eine Konkurrenzmarke oder ein Konkurrenzprodukt anzugreifen. Dabei geht es darum, im Rahmen der in Deutschland engen gesetzlich zulässigen Möglichkeiten die Leistungen eines anderen Unternehmens als minderwertig oder die eigenen Leistungen als im Vergleich höherwertig darzustellen. *Dies gilt z. B. für vergleichende Werbung mit deutlicher Bezugnahme auf einen Konkurrenten, Werbung mit konkretem Bezug auf eigene Leistungen und solche des Konkurrenten oder Werbeplakate im räumlichen Umfeld eines Konkurrenten.*
- **Standardisierungsfunktion**: Kommunikationspolitische Maßnahmen können die Aufgabe haben, die Präferenzen der Verbraucher derart zu beeinflus-

sen, dass sie sich angleichen und dem Standard entsprechen, den das Unternehmen kostengünstig in Massenproduktion herstellen kann. *Dies gilt z. B. bei Werbemaßnahmen zur Übernahme eines globalen Markennamens anstelle des bisherigen lokalen Markennamens (z. B. DHL statt Deutsche Post Paketdienst, Twix statt Raider).*

- **Beeinflussungsfunktion**: Kommunikationspolitische Maßnahmen können die Aufgabe haben, die Kunden zu einem gewünschten Verhalten zu bewegen. Dieses Verhalten kann z. B. der Kauf einer Unternehmensleistung, die Teilnahme an Produkttests und Event-Aktionen sein. *Dies gilt z. B. bei Werbeaktionen für kostenlose 2-Wochen-Tests bei Produkteinführungen sowie bei Werbeaktionen im Non-Profit-Marketing für vernünftiges Autofahren, Teilnahme an medizinischen Vorsorgeuntersuchungen oder gesunde Ernährung.*
- **Steuerungsfunktion**: Kommunikationspolitische Maßnahmen können die Aufgabe haben, die Nachfrage derart zu beeinflussen, dass sie sich dem Angebot angleicht. Die Kommunikationspolitik ist damit ein ergänzendes oder alternatives Instrument zur Preispolitik, welche die Nachfrage durch Preiserhöhungen und -senkungen beeinflussen kann. *Dies gilt z. B. bei Werbemaßnahmen für eine Tourismusregion in der auslastungsschwächeren Nebensaison oder Verkaufsförderung zum Abverkauf von eingelagerten Fertigerzeugnissen.*
- **Bestätigungsfunktion**: Kommunikationspolitische Maßnahmen können die Aufgabe haben, den Kunden nach dem Kauf in seiner Kaufentscheidung zu bestätigen und so die häufig auftretenden Zweifel, ob die Kaufentscheidung richtig war (Nachkaufdissonanzen), zu verringern oder ganz zu vermeiden. *Dies gilt z. B. bei Werbebotschaften mit klarem Bezug auf zufriedene Kunden („Schon 100.000 Kunden sind zufrieden"), bei Hinweisen auf Gütesiegel, Testurteile und Kundenempfehlungen sowie bei Anschreiben nach erfolgtem Kauf mit Dank für den Kauf und Hinweis darauf, dass ein gutes Produkt erworben wurde.*

Wichtige Zielgrößen der Kommunikationspolitik sind Bekanntheit und Image:

- Die **Bekanntheit** sagt aus, welcher Anteil der relevanten Zielgruppe ein Produkt, eine Marke, ein Unternehmen, eine Werbebotschaft oder andere Meinungsgegenstände kennen. Die Bekanntheit ist ein qualitatives Kriterium, die in Umfragen quantitativ als Bekanntheitsgrad ermittelt wird. Ohne eine Gedächtnishilfe für die befragten Personen spricht man vom aktiven (ungestützten) Bekanntheitsgrad, mit Gedächtnishilfe (Vorlegen einer Namensliste) vom passiven (gestützten) Bekanntheitsgrad.
- Das **Image** sagt aus, welche Einschätzungen die relevante Zielgruppe über ein Produkt, eine Marke oder ein Unternehmen hat. Es ist also die Gesamtheit aller Einstellungen, Stimmungen und Eindrücke gegenüber einem Meinungsgegenstand. Das Image ist ein qualitatives Kriterium, das quantitativ nur schwer abgebildet werden kann.

Bei der Ermittlung und Bewertung der Bekanntheit und des Images ist wichtig, dass sie auf die **relevante Zielgruppe** bezogen werden. Einem Unternehmen ist es nicht wichtig, dass seine Marken und Produkte bei Bürgern bekannt und positiv eingeschätzt sind, die ohnehin niemals Kunde werden können und auch sonst keinen Einfluss (z. B. Anwohner) auf die unternehmerische Entwicklung nehmen können.

9.2 Instrumente der Kommunikationspolitik

Die Kommunikationspolitik hat im Laufe der Zeit viele Instrumente hervorgebracht, mit denen sie ihre Funktionen zu erfüllen versucht.

Als klassische Instrumente der Kommunikationspolitik gelten:

- Werbung
- Verkaufsförderung
- Öffentlichkeitsarbeit

Weitere wichtige Instrumente, die sich teilweise überschneiden, sind:

- Sponsoring
- Direkt-Marketing
- Online-Marketing
- Event-Marketing
- Guerilla-Marketing
- Social-Media-Marketing

Ein weiteres Unterscheidungskriterium der kommunikationspolitischen Instrumente ist die Frage, ob sie vom Kunden als kommunikationspolitisches Instrument bewusst wahrgenommen werden, also oberhalb dessen Wahrnehmungsschwelle (above-the-line) liegen, oder die kommunikationspolitische Botschaft eher unbewusst (below-the-line) wahrgenommen wird.

- Das Above-the-line-Instrument ist Werbung in all ihren verschiedenen Ausprägungen.
- Als Below-the-line-Instrumente gelten Verkaufsförderung, Direkt-Marketing, Sponsoring, Event-Marketing, Social-Media-Marketing und Guerilla-Marketing.

Wichtig ist beim Einsatz der Kommunikationsinstrumente, dass sie aufeinander abgestimmt sind. In dieser **integrierten Marketing-Kommunikation** umfasst eine kommunikationspolitische Kampagne meist mehrere Kommunikationsinstrumente, die inhaltlich und grafisch einen deutlichen Bezug zueinander haben.

(BMW z. B. hat eine neue Fahrwerkstechnologie in Fernsehwerbespots mit der Symbolik eines Hampelmännchens erklärt. Dieses Figürchen wurde dann auch in vielen anderen Kommunikationsformen, in Zeitungs- und Zeitschriftenanzeigen, in Werbebriefen, in technischen Broschüren, auf Riesenpostern an Gerüsten und auf der Internet-Homepage eingesetzt.)

9.3 Push- und Pull-Strategie

Kommunikationspolitische Maßnahmen sind häufig Instrumente einer Push-Strategie und/oder einer Pull-Strategie:

- Bei der **Push-Strategie** (Angebotsdruckstrategie) werden die Produkte mit Marketingaktivitäten gegenüber der nächsten Absatzstufe, den Absatzhelfern und Absatzmittlern (Handelsunternehmen) attraktiv gemacht. Diese Unternehmen der nächsten Wertschöpfungsstufe werden dann auch beim Marketing gegenüber dem Endverbraucher durch Verkaufsförderung, Werbung und Sonderaktionen unterstützt. Das herstellende Unternehmen versucht also, seine Produkte „durch den Absatzkanal zu drücken".
- Bei der **Pull-Strategie** (Nachfragesogstrategie) richten sich die Marketing-Aktivitäten, vor allem die Kommunikationspolitik und die Markenpolitik des Unternehmens, unter Umgehung der Absatzmittler und Absatzhelfer an die Endverbraucher. Sie sollen dann infolgedessen die Produkte bei den Absatzhelfern und Absatzmittlern (Handelsunternehmen) nachfragen und diese Wertschöpfungsstufe dadurch gleichsam zwingen, die Produkte beim Hersteller zu kaufen. Die Endverbraucher sollen die Produkte „durch den Absatzkanal ziehen". Bekannte und beliebte Konsumgütermarken wie Coca-Cola, Ferrero und Haribo verfolgen die Pull-Strategie, so dass Handelsunternehmen auch weiterhin nicht darauf verzichten können, deren Produkte ins Sortiment aufzunehmen.

9.4 Werbung

> **Werbung**
> Werbung (Advertising) als Teil der Kommunikationspolitik umfasst die Gestaltung und den Einsatz von Mitteln, die Aufmerksamkeit erzeugen, über Produkte und Marken informieren und Anreize zu deren Kauf setzen sollen.

- Ein systematischer Werbeprozess beginnt mit der Definition der **Werbeziele**, die mit den Werbemaßnahmen erreicht werden sollen.
- Im zweiten Schritt muss das **Werbebudget** festgelegt werden, das für die Werbung verausgabt werden soll. Dabei kann sich das Budget z. B. an den verfüg-

baren Mitteln, an den Ausgaben von Konkurrenzunternehmen oder als fester Anteil am Umsatz orientieren.

- Der dritte Schritt ist die Festlegung der **Werbestrategie**. Dazu wird zunächst die **Werbebotschaft** entwickelt, vorab getestet und dann praktisch umgesetzt, indem Werbemittel konkret gestaltet werden. Danach wird die **Medienauswahl** getroffen und dabei entschieden, welche Medien für die Werbemaßnahmen genutzt werden und wie die Kampagne zeitlich ablaufen soll.
- Im vierten Schritt wird dann während und nach der Werbekampagne der **Werbeerfolg** der Maßnahmen gemessen. Hier geht es um die Frage, ob bei den Zielgrößen der Werbung (z. B. Umsatz, Absatz, Marktanteil, Bekanntheit, Image) die gewünschte Wirkung eingetreten ist.

Dem werbetreibenden Unternehmen stehen heute eine Vielzahl von **Werbeträgern** zur Verfügung, um die Werbebotschaft zu verbreiten, unter anderem Tageszeitungen, Zeitschriften, Fernsehen mit Werbespots, Dauerwerbesendungen und Shopping-Sendern, Hörfunk, Kino, Veranstaltungen, Schaufenster, Einkaufstüten, öffentlicher Raum (Plakate, Haltestellen des öffentlichen Personenverkehrs, Bildschirme, Verkehrsmittel wie Busse und Straßenbahnen), Briefe, E-Mails, soziale Netzwerke, Internet.

Im heutigen Umfeld haben es Werbebotschaften schwer, die Aufmerksamkeit der Kunden zu erreichen. Jeder Konsument in Deutschland hat pro Tag etwa 3.000 visuelle Kontakte mit Marken. Wegen dieser **Informationsüberlastung** (Information Overload) werden viele Werbebotschaften nicht wahrgenommen. An vielen Plakaten laufen die Kunden vorbei, viele Werbebriefe landen ungelesen im Papierkorb, Pop-up-Fenster im Internet werden ungelesen wieder geschlossen und viele Werbespots bleiben ungesehen, weil Konsumenten die Werbepause im Fernsehen nutzen, um zum Kühlschrank zu gehen.

Um **Aufmerksamkeit** für Werbung zu erregen, wird von den werbetreibenden Unternehmen mit verschiedenen Reizen gearbeitet:

- Aufmerksamkeit durch **physische Reize** bedeutet, dass die Sinneswahrnehmung durch die Werbung angereizt wird. Beim Sehsinn sorgen dafür grelle Farben und Farbkombinationen sowie besonders große Formate; beim Hörsinn sind dies eine große Lautstärke, eine auffällige Sprache, wiedererkennbare Melodien (Jingles), aber auch ungewohnte Ruhe oder Langsamkeit.
- Aufmerksamkeit durch **emotionale Reize** bedeutet, dass Werbung beim Konsumenten positive oder negative Gefühle auslöst, die ihn für die Werbung interessieren. Negative Reize sind abstoßende und schockierende Bilder *(z. B. bei Werbung gegen das Rauchen)* sowie sorgenvolle und furchteinflößende Appelle *(z. B. Darstellung von Altersarmut bei Werbung für private Rentenversicherung)*. Positive Reize sind Humor *(z. B. bei offen witziger oder hintergründig humorvoller Werbung)*, Erotik und Sex *(z. B. bei Werbung mit leicht bekleideten*

Frauen und Männern), das Kindchenschema *(z. B. bei Werbung mit Babys, kleinen Kindern und niedlichen Tieren)* und als sympathisch empfundene Prominente.

- Aufmerksamkeit durch kognitive Reize bedeutet, dass in der Werbung etwas gesagt oder gemacht wird, was nach vernünftigen Maßstäben keinen Sinn ergibt und daher kognitive Anregung bietet. Dies können grammatikalisch falsche Worte und Sätze *(z. B. „unkaputtbar" oder „Da werden Sie geholfen.")* und absurde Bilder sein, die nicht der Realität entsprechen können.

Auch bei Wahrnehmung der Werbebotschaft ist nicht gesichert, dass die Werbung ihren Zweck beim Kunden erfüllt. Der Grund ist die Tatsache, dass die **Glaubwürdigkeit** der Werbung in den letzten Jahrzehnten abgenommen hat. Kunden haben nun jahrzehntelange Erfahrung mit Werbung und sind häufig skeptisch gegenüber den geäußerten Produktversprechen.

Manche Verbraucher reagieren auf Werbung, die sie als nervig und bedrängend empfinden, mit **Reaktanz**. Das bedeutet, dass diese Konsumenten das beworbene Produkt schon deswegen nicht kaufen, weil ihnen die Werbeaktivitäten missfallen.

9.5 Verkaufsförderung

Verkaufsförderung
Die Verkaufsförderung (Sales Promotion) als Teil der Kommunikationspolitik umfasst alle Maßnahmen und Instrumente, die der kurzfristigen Absatzsteigerung dienen.

Es gibt drei Ansatzpunkte für Verkaufsförderungsmaßnahmen:

- Bei **Außendienstpromotions** richtet sich das Unternehmen mit seiner Verkaufsförderungsaktion an die eigenen Außendienstmitarbeiter, die angereizt werden sollen, alle oder bestimmte Produkte verstärkt zu verkaufen.
- Bei **Händlerpromotions** richten sich die Verkaufsförderungsmaßnahmen an die Handelsunternehmen, welche die Produkte weiterverkaufen.
- Bei **Verbraucherpromotions** wenden sich die Verkaufsförderungsmaßnahmen an den Konsumenten und finden häufig direkt im Ladengeschäft (Point of Sale) statt.

Erfolgreiche Verkaufsförderung für ein Produkt führt zu einem Anstieg des Absatzes im Aktionszeitraum. Unmittelbar danach wird der Absatz häufig sinken. Wegen vorgezogener Käufe und Hortungskäufe kann es sein, dass der Absatz dann sogar unter dem Absatz liegt, der vor der Verkaufsförderungsaktion erreicht wurde. Fühlen sich Kunden, die in der Verkaufsförderung gewonnen wurden, gebunden, kann der Absatz langfristig über das Niveau des Vorjahreszeitraums steigen.

In der Praxis hat sich eine Vielzahl von Verkaufsförderungsinstrumente etabliert:

- **Stammkundenbonus** für umsatzstarke Kunden mit Sammelmöglichkeit und Zugehörigkeit zu einem bestimmten Status mit Vergünstigungen oder Annehmlichkeiten *(z. B. Miles & More, BahnBonus, Payback)*
- **Coupons** zum Preisnachlass beim Kauf bestimmter Produkte *(z. B. verteilt als Postwurfsendung, in Zeitschriften und Verkehrsmitteln, als Zugabe bei anderen Produkten, im Internet, auf Kassenzetteln)*
- **„Geld zurück"-Angebote** als Rückerstattung nach dem Kauf durch den Hersteller *(z. B. häufig beim Kauf von Kontaktlinsen)*
- **Sonderpreispackungen** mit größerem Packungsinhalt zum gleichen Preis *(z. B. „+20% gratis")* und preisgünstige **Mehrfachpackungen** *(z. B. Doppelpackung, Dreierpackung)*
- **preisgünstige Zusatzausstattung** als reizvolles Angebot für den Kunden *(z. B. Sondermodelle mit Mehrausstattung, „Winterpaket" bei Fahrzeugen, Gratistasche zum Notebook)*
- **Muster** als kostenlose Produktproben in meist kleiner Größe *(z. B. Pröbchen als Zugabe an einem anderen Produkt, als Postwurfsendung im Briefkasten, verteilt im Handel oder in der Fußgängerzone; Parfumprobe in Alubeutel integriert in eine Werbeanzeige)*
- **Point-of-Sale-Verkaufsförderung** als Hervorhebung von Produkten im Einzelhandel durch Sonder- und Mehrfachplatzierungen der Produkte, Werbeplakate sowie Produktvorführungen und Verkostungen
- **Gewinnspiele, Verlosungen und Wettbewerbe** mit der gleichzeitigen Möglichkeit für das Unternehmen, aktuelle Kundendaten (Name, Adresse, Telefonnummer, Geburtsdatum) für spätere Marketingaktivitäten zu erlangen oder Informationen zu den Präferenzen der Kunden zu erhalten *(z. B. McDonalds-Aktion „Mein Burger")*
- **Werbegeschenke** aller Art, häufig mit praktischem Nutzwert.

9.6 Öffentlichkeitsarbeit

Öffentlichkeitsarbeit
Die Öffentlichkeitsarbeit (Public Relations) als Teil der Kommunikationspolitik umfasst alle Maßnahmen und Entscheidungen, welche die Gestaltung der Beziehungen zur Öffentlichkeit betreffen und nicht der konkreten Absatzsteigerung dienen.

Der Unterschied der Öffentlichkeitsarbeit zur Werbung und zur Verkaufsförderung ist also, dass die Öffentlichkeit nicht angesprochen wird, um kurz- und mittelfristig den Absatz zu erhöhen. Zur Öffentlichkeit können aktuelle, potenzielle und ehemalige Kunden, Lieferanten, Eigentümer, Mitarbeiter, außerdem staatliche Stellen, Nichtregierungsorganisationen sowie die Anwohner der Unternehmensstandorte gehören. Ziel der Öffentlichkeitsarbeit ist es, gute Beziehungen zu allen Ansprechpartnern des Unternehmens herzustellen und zu erhalten, bei diesen Ansprechpartnern eine vorteilhafte Meinung zugunsten des Unternehmens zu erzielen und einen positiven Gesamteindruck über das Unternehmen in der Öffentlichkeit zu erreichen.

Häufige Instrumente der Öffentlichkeitsarbeit sind zum Beispiel Publikationen wie Geschäftsberichte, Sozialberichte und Nachhaltigkeitsberichte, an Produktionsstandorten Werksbesichtigungen, Besucherzentren und „Tage der offenen Tür", Pressemitteilungen, Pressefotos und Pressekonferenzen sowie spezielle Informationen für Investoren bei Aktiengesellschaften.

9.7 Sponsoring

Sponsoring
Beim Sponsoring unterstützt ein Unternehmen (Sponsor) Einzelpersonen, Institutionen oder Veranstaltungen mit Geld, Sachgütern oder Dienstleistungen und erhält im Gegenzug dafür vorher klar definierte Leistungen.

Das Prinzip von Leistung und Gegenleistung unterscheidet das Sponsoring von einer Spende. Das Sponsoring kann sich heute auf viele Bereiche erstrecken:

- Beim **Sportsponsoring** geht es um Einzelsportler *(z. B. REWE beim Fußballspieler Thomas Müller)*, Sportmannschaften *(z. B. REWE beim 1. FC Köln)*, Sportvereinsnamen *(z. B. Telekom Baskets Bonn)*, Sportstätten *(z. B. RheinEnergie-Stadion Köln)*, Sportwettbewerbe *(z. B. McDonalds bei Olympischen Spielen)*, Sportwettbewerbsnamen *(z. B. Liebherr Tischtennis-Weltmeisterschaft)* und Sportverbände *(z. B. Sparkassen beim Deutschen Olympischen Sportbund)*.
- Beim **Kultursponsoring** werden Kultureinrichtungen *(z. B. Deutsche Bank bei den Berliner Philharmonikern)* und Kulturveranstaltungen *(z. B. Fürst von Metternich Sekt beim Rheingau-Musik-Festival)* unterstützt.
- Beim **Umweltsponsoring** werden Umwelteinrichtungen *(z. B. Commerzbank bei den Nationalparks in Deutschland)* und umweltbezogene Kampagnen *(z. B. REWE bei der Kampagne „Sauberhaftes Hessen")* unterstützt.
- Beim **Sozialsponsoring** werden soziale Einrichtungen *(z. B. Deutsche Bahn bei der Stiftung Lesen mit Vorleseaktionen in Kindergärten)* und soziale Non-Profit-

Kampagnen *(z. B. Volks- und Raiffeisenbanken bei sozialen Aktionen des Deutschen Olympischen Sportbundes)* unterstützt.

- Beim **Wissenschaftssponsoring** werden wissenschaftliche Einrichtungen *(z. B. Boehringer Ingelheim beim Institut für Molekulare Biologie an der Universität Mainz)* oder wissenschaftliche Veranstaltungen *(z. B. der Medizinproduktehersteller Braun bei Medizinkongressen)* unterstützt.

9.8 Weitere kommunikationspolitische Instrumente

Neben Werbung, Verkaufsförderung, Öffentlichkeitsarbeit und Sponsoring gibt es zahlreiche weitere kommunikationspolitische Instrumente, die im Rahmen einer integrierten Marketing-Kommunikation eingesetzt werden können:

- Beim **Direkt-Marketing** wird ein direkter Kontakt zwischen dem verkaufenden Unternehmen und dem potenziellen Kunden hergestellt, wobei auch versucht wird, auf die persönlichen Präferenzen des jeweiligen Kunden einzugehen *(z. B. persönliches Anschreiben per Post mit personalisierten Informationen, personalisierter Newsletter mit persönlicher Ansprache und personenspezifischen Produktangeboten).*
- Beim **Product-Placement** wird ein Produkt optisch oder textlich in einem Spielfilm oder im redaktionellen Teil eines Beitrags in Zeitung, Hörfunk oder Fernsehen platziert *(z. B. Nutzung von Automobilen in Kinofilmen).*
- Beim **Event-Marketing** organisiert das Unternehmen besondere Ereignisse, die nicht nur große Aufmerksamkeit erzeugen, sondern auch die Markenbotschaft des Produkts oder des Unternehmens transportieren und so zur Imagebildung beitragen sollen *(z. B. Red Bull mit Flugtagen und Fallschirmsprung aus dem Weltall).*
- Beim **Online-Marketing** wird das Internet als kommunikationspolitische Informations- und Kommunikationsplattform eingesetzt *(z. B. bei aufwendig gestalteten Homepages mit Produktinformationen, Videos, Feedback-Möglichkeit und Konfigurator zur individuellen Gestaltung der Produkte).*
- Beim **Viralen Marketing** nutzt das Unternehmen soziale Netzwerke und Medien *(z. B. E-Mails, Blogs, Twitter, Youtube, Facebook)*, um Kunden zu animieren, eine meist ungewöhnlich verpackte Werbebotschaft selbst weiterzuverbreiten *(z. B. besonders witzige oder ungewöhnliche Werbefilme, die durch Weiterempfehlungen millionenfach auf Youtube angeschaut werden).*
- Beim **Ambush-Marketing** nutzt das Unternehmen die mediale Aufmerksamkeit einer Großveranstaltung, ohne allerdings selbst offizieller Sponsor dieses Ereignisses zu sein *(z. B. Zeppelinschiffe mit gut sichtbarer Werbebotschaft oder Verteilung von Werbegeschenken am Veranstaltungsort).*

- Beim **Ambient-Marketing** versucht das Unternehmen, mit seinen Werbemitteln in das Lebens- und Freizeitumfeld (Ambiente) von Zielgruppen zu kommen *(z. B. bei Gratispostkarten in Kneipen, Diskotheken und Hochschulen; Werbebotschaften auf Kassenbons, Zapfpistolen, Bierdeckeln, Pizzakartons und kleinen Werbeplakaten in Toiletten und Umkleidekabinen).*
- Beim **Social-Media-Marketing** nutzen Unternehmen Social-Media-Plattformen *(z. B. Facebook, Instagram, Pinterest, Twitter, Xing, Google+, LinkedIn)*, um über Produkte zu informieren, mit dem Kunden zu kommunizieren, Weiterempfehlungen anzureizen, Kundenbeschwerden aufzunehmen und öffentlich darauf reagieren zu können *(z. B. Facebook-Profile großer Unternehmen).*

Ambush-Marketing, Ambient-Marketing, Social-Media-Marketing und Virales Marketing werden mitunter auch als **Guerilla-Marketing** bezeichnet, weil es wie im Guerillakrieg um den Einsatz ungewöhnlicher Aktionen geht, die eine große Wirkung mit vergleichsweise geringem Mitteleinsatz erzielen sollen.

9.9 Corporate Identity

Teil der Kommunikationspolitik ist auch die Gestaltung der Corporate Identity.

> **Corporate Identity**
> Corporate Identity ist die Unternehmenspersönlichkeit, also alle Merkmale eines Unternehmens.

Die Corporate Identity entsteht aus drei Bestandteilen:

- **Corporate Behavior** ist das Verhalten des Unternehmens und seiner Mitarbeiter nach innen (gegenüber anderen Mitarbeitern) und nach außen (gegenüber Kunden, Lieferanten, Anwohnern, Öffentlichkeit). Dazu gehören z. B. das Verhalten gegenüber Journalisten (*z. B. Unternehmen mit Pressekonferenzen und häufigen Pressemitteilungen oder im Gegensatz dazu publikumsscheue Unternehmen ohne Presseabteilung)* und die Art der persönlichen Ansprache *(z. B. Duzen zwischen Mitarbeitern aller Ebenen; konsequentes Duzen der Kunden; Ansprache der deutschen Kunden in Deutschland immer in englischer Sprache).*
- **Corporate Communication** ist der abgestimmte Einsatz aller Kommunikationsinstrumente mit dem Ziel, eine einheitliche Vorstellung von dem Unternehmen bei Außenstehenden und Mitarbeitern zu erreichen.
- **Corporate Design** ist die abgestimmte Gestaltung aller visuellen Elemente, mit denen das Unternehmen bei Außenstehenden und Mitarbeitern wahrgenommen wird. In Corporate-Design-Richtlinien werden die Nutzung von Markenzeichen, Markenname und Schriftarten geregelt sowie die Gestaltung von Homepage, Briefbögen, Visitenkarten, Folienpräsentationen, Mitarbeiterkleidung, Broschüren, Werbemitteln und Architektur vorgeschrieben.

9.10 Fragen

Bei der Push-Strategie adressiert ein Hersteller sein Marketing an Endkunden, die dann beim Händler das Produkt kaufen möchten.

☐ richtig ☐ falsch

Beim Product-Placement wird ein direkter Kontakt zwischen dem verkaufenden Unternehmen und dem potenziellen Kunden hergestellt.

☐ richtig ☐ falsch

Bekanntheit und Image sollten sich immer auf die relevante Zielgruppe beziehen.

☐ richtig ☐ falsch

Corporate Behavior ist das Verhalten des Unternehmens und seiner Mitarbeiter nach innen und nach außen.

☐ richtig ☐ falsch

Das Instrument der Öffentlichkeitsarbeit dient der kurzfristigen Absatzsteigerung.

☐ richtig ☐ falsch

Das Instrument der Verkaufsförderung dient der kurzfristigen Absatzsteigerung.

☐ richtig ☐ falsch

Die Ausnutzung der medialen Aufmerksamkeit eines Großereignisses, ohne selbst Sponsor der Veranstaltung zu sein, wird Ambient-Marketing genannt.

☐ richtig ☐ falsch

Die Glaubwürdigkeit der Werbung aus Sicht der Kunden hat in den letzten Jahrzehnten abgenommen.

☐ richtig ☐ falsch

Die Kommunikationspolitik richtet sich nur an die Kunden des Unternehmens.

☐ richtig ☐ falsch

Die Standardisierungsfunktion der Kommunikationspolitik meint, dass die Kommunikationsmedien alle gleichartig gestaltet sein sollen.

☐ richtig ☐ falsch

Integrierte Marketing-Kommunikation bedeutet, dass auch Behinderte von der Kommunikationspolitik angesprochen werden.

☐ richtig ☐ falsch

Kommunikationspolitische Maßnahmen können die Aufgabe haben, den Kunden nach dem Kauf in seiner Kaufentscheidung zu bestätigen.

☐ richtig ☐ falsch

Nur positive emotionale Reize können in der Werbung Aufmerksamkeit erregen.

☐ richtig ☐ falsch

Reaktanz bedeutet, dass der potenzielle Kunde nach Wahrnehmung der Marketingmaßnahmen das Produkt sofort kaufen möchte.

☐ richtig ☐ falsch

Werbung gilt als Below-the-line-Instrument der Kommunikationspolitik.

☐ richtig ☐ falsch

9.11 Prüfungstipps

Welchen Prüfungstipp kann ich aus diesem Abschnitt ziehen?

In Prüfungen wird häufig gefordert, ▪ die Kommunikationspolitik zu definieren ▪ verschiedene Adressaten der Kommunikationspolitik zu benennen ▪ integrierte Marketing-Kommunikation mit Beispiel zu erläutern ▪ Push- und Pull-Strategie zu unterscheiden ▪ die Werbereize zu erklären ▪ Werbung, Verkaufsförderung und Öffentlichkeitsarbeit zu unterscheiden.

Schritt 10:

Marketing-Controlling

Lernhinweise

Was erwartet mich in diesem Kapitel?

In diesem Kapitel wird erklärt, was man unter Marketing-Controlling versteht, warum es an der Schnittstelle der zwei wichtigen Unternehmensfunktionen Marketing und Controlling steht und wie sich im Marketing-Controlling, ergebnisorientiertes Controlling und Marketing-Audit gegenseitig ergänzen.

Welche Schlagwörter lerne ich kennen?

■ Controlling ■ Marketing-Controlling ■ Effektivität ■ Effizienz ■ Marketing-Audit ■ Ergebnisorientiertes Marketing-Controlling ■ Kennzahlen

Wofür benötige ich dieses Wissen?

In Unternehmen kommt es darauf, die Marketing-Prozesse und Marketing-Ergebnisse immer wieder auf den Prüfstand zu stellen. Daher spielt das Marketing-Controlling heute nicht nur in großen Unternehmen eine wichtige Rolle.

10.1 Definition des Marketing-Controllings

Der Begriff **Marketing-Controlling** macht bereits sprachlich durch die Wortstellung deutlich, dass es sich um eine spezielle Unterart des Controllings handelt, die auf das Marketing bezogen ist. Marketing-Controlling ist also ein Thema an der Schnittstelle zweier wichtiger Unternehmensfunktionen.

> **Controlling**
> Controlling ist die betriebswirtschaftliche Planung, Steuerung, Kontrolle und Koordination von Organisationen, Prozessen und Projekten sowie Bereitstellung der dafür erforderlichen Informationen.

Das Controlling hat also allgemein zwei wichtige Aufgaben zu erfüllen:

- Informationsaufgabe
- Steuerungs- und Planungsaufgabe

Erst in den 70er Jahren des 20. Jahrhunderts begann die Betriebswirtschaftslehre, sich mit dem Controlling auseinanderzusetzen. Dabei wurde der Focus zunächst auf die Aufgabe gerichtet, den Führungskräften im Unternehmen **betriebswirtschaftliche Informationen** zur Verfügung zu stellen, die der Vorbereitung von Unternehmensentscheidungen dienen konnten. Dabei nutzte das Controlling die Daten des internen Rechnungswesens (Kosten- und Leistungsrechnung), indem es Kosten nicht nur ermittelte, nötigenfalls auf Kostenstellen und dann auf Produkte verteilte, sondern auch herauszufinden versuchte, ob diese Informationen zur Entscheidungsfindung geeignet sind. Zu den Informationsaufgaben des Controllings gehört auch die **Ermittlung von Kennzahlen** zur Fundierung betrieblicher Entscheidungen.

In den 80er Jahren des 20. Jahrhunderts erweiterte sich das Grundverständnis des Controllings. Zur Informationsfunktion gesellte sich die **Steuerungsfunktion**. Dem Controlling fällt (wie im Regelkreis beschrieben) die Aufgabe zu, die Zielerreichung im Unternehmen zu messen, Soll-Ist-Abweichungen festzustellen und Maßnahmen zur Verringerung bzw. Beseitigung der Abweichung vorzuschlagen. Die Steuerung ist konsequenterweise immer auch mit **Planung** verbunden, weil Maßnahmen und Ressourcen zur Zielerreichung geplant werden müssen. Dazu kann auch die Dokumentation und Fixierung von Planwerten mithilfe von Budgets gehören.

Die Steuerungsfunktion baut auf der Informationsfunktion auf, weil ohne geeignete Informationen nicht manövriert werden kann und auch der Erfolg der Steuerung nicht überprüft werden kann. *Die Geschwindigkeit eines Fahrzeugs z. B. kann mit dem Gaspedal nur in gewünschter Weise dann reguliert werden, wenn ein*

Tachometer laufend die Geschwindigkeit anzeigt. Diese wechselseitige Beziehung führt in der Praxis des Controllings auch zu seiner Aufgabe, die im Unternehmen organisierten Informationssysteme und Steuerungs- und Planungssysteme zu koordinieren. In diesem Sinne kann Controlling auch als **Koordination des gesamten Führungssystems** verstanden werden.

Beim Marketing-Controlling handelt es sich also um ein Thema an der Schnittstelle zweier wichtiger Unternehmensaufgaben. Dabei stehen Marketing und Controlling durchaus nicht widerspruchs- und konfliktfrei zueinander, obschon es sich bei beiden um funktionenübergreifende Konzepte handelt.

Das wird beispielsweise am **Spannungsfeld zwischen der Standardisierung und der Differenzierung** deutlich: Standardisierung gefällt dem Controlling sehr gut, bedeutet es doch im Extremen, dass identische Produkte und Dienstleistungen zu einheitlichen Preisen sowie Konditionen über gleiche Vertriebskanäle unter Einsatz des gleichen Kommunikationsinstrumentariums vertrieben werden. Dem Marketing allerdings ist das Gegenteil am liebsten, die Anpassung der Marketing-Instrumente an die spezifischen Bedürfnisse eines jeden einzelnen Kunden.

Das Marketing-Controlling hat die Aufgabe sicherzustellen, dass die marktorientierte Unternehmensführung sowohl effektiv als auch effizient ist.

- **Effektivität** ist im Marketing erreicht, wenn die vorgegebenen Ziele erreicht, vielleicht sogar übertroffen werden.
- **Effizienz** ist im Marketing erreicht, wenn die Ziele unter Einhaltung des Wirtschaftlichkeitsprinzips, also mit dem bestmöglichen Kosten-Nutzen-Verhältnis, erreicht werden können.

Wie gesehen, ist das Marketing-Controlling die idealtypisch letzte Phase im Prozess des Marketing-Managements.

Marketing-Controlling
Das Marketing-Controlling ist die Gesamtheit der Aktivitäten, die den Prozess sowie das Ergebnis von Marketing-Entscheidungen überprüfen:

- Erstens muss im Sinne einer prozessbegleitenden Kontrolle überwacht werden, inwieweit Anpassungen des Planungs- und Implementierungsprozesses im Marketing erforderlich sind. Dies geschieht durch das **Marketing-Audit**.
- Zweitens muss es im Sinne eines ex-post durchgeführten Soll-Ist-Vergleichs geprüft werden, inwieweit die gewünschten Ziele durch die eingeleiteten Strategien und operativen Maßnahmen erreicht wurden. Dies ist Gegenstand des **ergebnisorientierten Marketing-Controllings** (siehe Abb. 27).

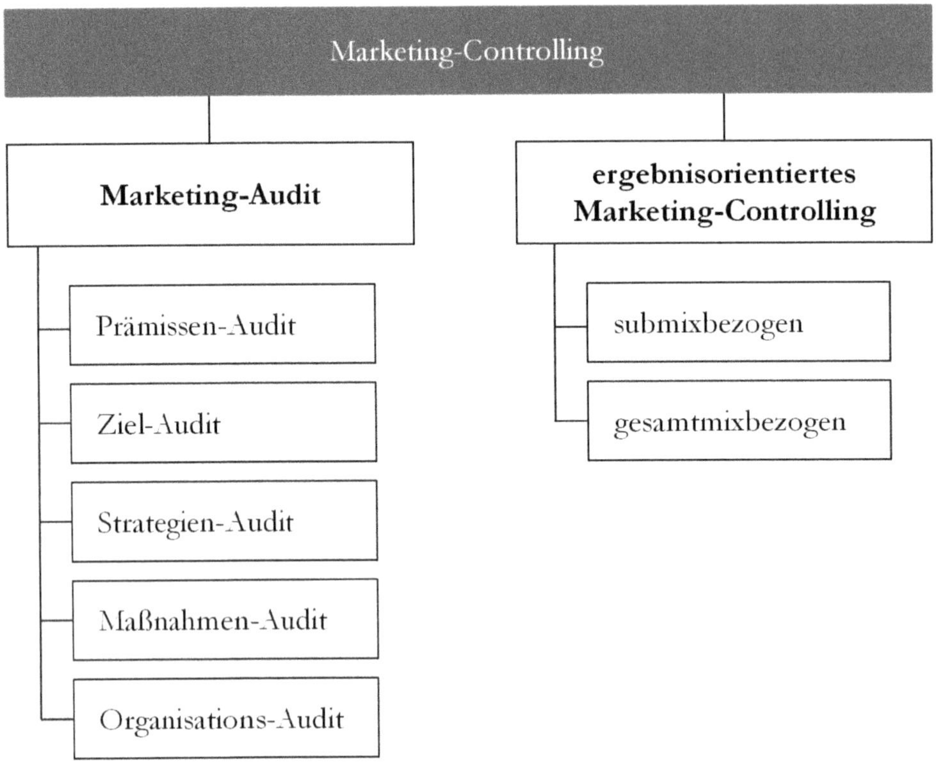

Abb. 27: Marketing-Controlling

10.2 Marketing-Audit

Im Gegensatz zur Ergebniskontrolle, welche die Marketing-Ergebnisse analysiert, fokussiert das **Marketing-Audit** auf die Prozesse und damit die betrieblichen Voraussetzungen für das Erzielen von Resultaten. Damit trägt man dem Umstand Rechnung, dass ein Verfehlen des Zieles auch daran liegen kann, dass der eingeschlagene Weg untauglich war.

Marketing-Audit
Das Marketing-Audit hat die Aufgabe, die Prämissen und Rahmenbedingungen für Planungen, Kontrollen und Steuerungsmaßnahmen im Marketing-Bereich zu überprüfen.

Im Zentrum des Marketing-Audits stehen also die **Marketing-Prozesse**. Das Marketing-Audit dient dazu, frühzeitig auf sich abzeichnende Fehlentwicklungen aufmerksam zu machen. Während es sich bei der Ergebniskontrolle um eine Wirkungskontrolle handelt, die erst im Nachhinein einsetzt und einsetzen kann, erfüllt das Marketing-Audit eine **prozessbegleitende Überwachungsfunktion**, die es dem Unternehmen ermöglicht, rechtzeitig auf Veränderungen zu reagieren.

Das Marketing-Audit lässt sich danach untergliedern, auf welche Objekte es sich bezieht. Dabei wird ersichtlich, dass zwischen den Objektbereichen des Marketing-Audits ein enger Zusammenhang und damit ein erheblicher Koordinationsbedarf besteht.

- Beim **Prämissen-Audit** werden die Daten der Unternehmens- und Umweltanalysen durch die Marketingforschung auf ihre Entscheidungsrelevanz, Vollständigkeit und Aktualität hin überprüft.
- Das **Ziel-Audit** hat die Aufgabe zu überwachen, inwiefern die festgelegten Ziele (noch) realistisch, kompatibel und operationalisierbar sind. Daneben muss die Konsistenz von Ober-, Zwischen- und Unterzielen, strategischen, taktischen und operativen Zielen sowie psychographischen und ökonomischen Zielen überprüft werden. Schließlich gilt es zu beobachten, ob die operativen Ziele erreicht werden, um auf diese Weise Gefahren für die Zielerreichung frühzeitig zu erkennen und zu begegnen.
- Das **Strategien-Audit** befasst sich mit dem konsistenten Gesamtaufbau eines Strategieentwurfs sowie dessen Kompatibilität mit den Prämissen, Zielen und Marketing-Maßnahmen.
- Beim **Marketing-Mix-Audit** stehen die operativen Marketing-Maßnahmen auf dem Prüfstand. Unter anderem geht es dabei um die Frage der Kompatibilität. Während die horizontale Kompatibilität die Abstimmung der Instrumente untereinander betrifft, gilt es auf der vertikalen Ebene zu überprüfen, ob der Marketing-Mix mit den Prämissen, Zielen und Strategien harmoniert.
- Im **Organisations-Audit** liegt das Augenmerk auf den methodischen und organisatorischen Aspekten des Marketing-Managements. Dabei werden einerseits die aufbau- und ablauforganisatorischen Regelungen unter Effizienz- sowie Koordinationsgesichtspunkten überprüft. Andererseits wird untersucht, inwieweit das Unternehmen hinsichtlich der Informations-, Planungs- und Kontrolltechniken auf einem aktuellen und angemessenen Stand ist.

Bildhaft gesagt ist ein Marketing-Audit also wie ein in kurzen Abständen durchgeführter Gesundheits-Check-up, der auf Verschlechterungen der Gesundheit hinweist und Gegenmaßnahmen einleitet, bevor man gänzlich krank ist.

10.3 Ergebnisorientiertes Marketing-Controlling

Ergebnisorientiertes Marketing-Controlling
Das ergebnisorientierte Marketing-Controlling überprüft und analysiert den Zielerreichungsgrad der marktorientierten Unternehmensführung.

- Während die Marketing-Prozesse im Zentrum des Marketing-Audit stehen, geht es beim ergebnisorientierten Marketing-Controlling um die **Marketing-**

Ergebnisse. Es möchte also eine Antwort darauf geben, wie gut die Ziele des Marketings erreicht wurden.

- Bezieht sich das ergebnisorientierte Marketing-Controlling auf alle Marketing-Maßnahmen insgesamt, wird von einem **gesamtmixbezogenen Wirkungscontrolling** gesprochen.
- Wenn hingegen nur die Wirkung einzelner Marketing-Instrumente überprüft wird, ist die Rede von einem **submixbezogenen Wirkungscontrolling**. *Das könnte z. B. die Überprüfung des Erfolgs einer neuartigen Werbemaßnahme im Rahmen der Kommunikationspolitik oder von Sonderangebotsaktionen im Rahmen der Preis- und Konditionenpolitik sein.*

Wie Marketing-Controlling funktioniert, kann am Beispiel eines Fußballtrainers verdeutlicht werden:

- *Das ergebnisorientierte Controlling führt der Trainer nach dem Spielende durch. Er schaut auf das Spielergebnis und nutzt für seine Analyse auch Kennzahlen wie z. B. statistische Angaben zum Anteil seiner Mannschaft am Ballbesitz und zum Anteil gewonnener Zweikämpfe. Aus dem ergebnisorientierten Controlling zieht der Trainer Rückschlüsse für das nächste Spiel.*
- *Das Audit hingegen entspricht dem, was der Trainer während des laufenden Spiels macht. Er kennt das aktuelle Spielergebnis, beobachtet seine Spieler, nimmt wahr, ob ein Verteidiger nicht mit einem gegnerischen Stürmer zurechtkommt, schaut aber auch darauf, ob sich die Rahmenbedingungen ändern, wie die Platz- und Wetterverhältnisse sind, ob der Schiedsrichter besonders streng ist oder ein Spieler kurz vor der roten Karte steht. Seinen Beobachtungen lässt der Trainer noch während des laufenden Spiels Taten folgen: Er gibt Anweisungen vom Spielfeldrand, wechselt Spieler aus und ein, nimmt taktische Umstellungen vor und nutzt vielleicht die Halbzeitpause für eine Standpauke. Der Trainer wirkt also im Sinne des Audits auf den laufenden Prozess ein, um doch noch das Ziel zu erreichen: das Spiel zu gewinnen.*

10.4 Kennzahlenanalyse

Eine wichtige Rolle im Marketing-Controlling spielen Kennzahlen.

Kennzahlen
Kennzahlen sind zusammengefasste quantitative, d. h. in Zahlen ausdrückbare, betriebliche Informationen.

Synonyme Begriffe sind Kennziffer, Kontrollzahl, Messzahl, Messziffer und Schlüsselgröße. Mithilfe von betriebswirtschaftlichen Kennzahlen können die im Unternehmen anfallenden, häufig kaum mehr überschaubaren Datenmengen zum Marketing auf wenige, aussagekräftige Größen verdichtet werden.

Kennzahlen lassen sich grundsätzlich nach statistisch-methodischen, inhaltlichen und zeitlichen Kriterien untergliedern. Unter statistisch-methodischen Gesichtspunkten unterscheidet man:

- **Absolutkennzahlen**:
  - Einzelzahlen *(z. B. Absatz eines Produktes)*
  - Summen *(z. B. Gesamtumsatz einer Filiale oder einer Sparte)*
  - Differenzen *(z. B. Gewinn)*
  - Mittelwerte *(z. B. durchschnittlicher Tagesumsatz)*
- **Verhältniskennzahlen**:
  - Beziehungszahlen: Verhältniszahlen, die sachlich unterschiedliche, aber logisch zusammenhängende Größen miteinander verknüpfen *(z. B. Umsatz pro Kopf)*
  - Gliederungszahlen: Verhältniszahlen, die Teile zum Ganzen in Verbindung setzen *(z. B. Anteil der Stammkunden an sämtlichen Kunden)*
  - Indexzahlen: Verhältniszahlen, die mehrere sachverwandte Größen in Beziehung setzen und die jeweilige Veränderung angeben. Dabei wird eine Größe gleich 100 % gesetzt und die anderen werden an ihr gemessen *(z. B. indexierter Umsatz)*.

Nach dem Inhalt lassen sich Kennzahlen unterscheiden in:

- Mengengrößen *(z. B. Absatz, Vertriebsmitarbeiterzahl, Zahl der Filialen)*
- Wertgrößen *(z. B. Umsatz, Marketing-Kosten)*
- Zeitgrößen *(z. B. Break-even-Umsatz)*

Schließlich lassen sich Kennzahlen nach Maßgabe ihres zeitlichen Horizonts gruppieren. Hierbei unterscheidet man:

- **Zustandskennzahlen**: Berechnung zu einem Zeitpunkt *(z. B. Zahl der Beschwerden am 28. September 2014)*
- **Bewegungskennzahlen**:
  - Ergebniskennzahlen: Berechnung für einen Zeitraum (*z. B. Verkaufsförderungskosten für das Jahr 2014)*
  - Entwicklungskennzahlen: Berechnung zwischen mehreren Zeiträumen oder -punkten *(z. B. Veränderung der Werbeaufwendungen von 2013 auf 2015)*.

Kennzahlen erhalten zusätzlichen Aussagegehalt, wenn sie Vergleichsgrößen gegenübergestellt werden. Neben den bereits vorgestellten Zeitvergleichen durch Entwicklungskennzahlen dienen hierzu:

- **Soll-Ist-Vergleiche** *(z. B. tatsächlich realisierter Absatz eines Produktes im Vergleich zum geplanten Absatz)*
- **Sachvergleiche**: Gegenüberstellung von Mitarbeitern, Abteilungen, Filialen, Unternehmen und/oder Branchen *(z. B. Aktionsumsatz der Filiale A im Vergleich zum Aktionsumsatz der Filiale B).*

In der betrieblichen Praxis kommen Kennzahlen folgende Funktionen zu:

- **Entscheidungsunterstützung**: Kennzahlen vermitteln einen schnellen Überblick über die (wirtschaftliche) Situation eines Unternehmens, erleichtern die Bewertung anstehender Möglichkeiten und dienen der eindeutigen Formulierung sowie Vermittlung von Zielvorgaben im Marketing (sog. Management by Objectives).
- **Steuerung**: Mittels Kennzahlen lassen sich betriebliche Maßnahmen kontinuierlich auf ihre richtige Durchführung hin überprüfen.
- **Controlling**: Kennzahlen dienen dazu, die Ergebnisse von Strategien sowie Maßnahmen und damit den Grad der Zielerreichung festzustellen.

Auch Kennzahlen, die einzeln und regelmäßig erhoben werden, haben ihren Wert für das Marketing-Controlling von Unternehmensvorgängen. Einen ungleich höheren Nutzen aber bieten Kennzahlen, wenn sie mit anderen Kennzahlen in einem Kennzahlensystem verknüpft werden.

Bei **Kennzahlensystemen** handelt es sich um eine Zusammenstellung von Kennzahlen, die auf ein übergeordnetes Ziel (z. B. Rentabilität) ausgerichtet sind. Damit verdichten Kennzahlensysteme Informationen, zeigen Zusammenhänge zwischen Kennzahlen auf und ermöglichen somit Simulationen (Was wäre wenn?).

10.5 Fragen

Das Marketing-Audit hat die Aufgabe, die Prämissen und Rahmenbedingungen im Marketing-Bereich zu überprüfen.

☐ richtig ☐ falsch

Das Marketing-Audit überprüft den Zielerreichungsgrad der marktorientierten Unternehmensführung.

☐ richtig ☐ falsch

Das Ziel-Audit hat die Aufgabe zu überwachen, ob das Strategische Marketing die Ziele erreicht hat.

☐ richtig ☐ falsch

Effizienz ist im Marketing erreicht, wenn die vorgegebenen Ziele erreicht werden.

☐ richtig ☐ falsch

Im Zentrum des ergebnisorientierten Marketing-Controllings stehen die Marketing-Prozesse.

☐ richtig ☐ falsch

Kennzahlen sind zusammengefasste qualitative betriebliche Informationen.

☐ richtig ☐ falsch

Marketing und Controlling stehen immer widerspruchsfrei zueinander.

☐ richtig ☐ falsch

Marketing-Controlling bedeutet nicht nur die Kontrolle, sondern auch die Steuerung von Marketingprozessen.

☐ richtig ☐ falsch

Standardisierung gefällt dem Marketing, Differenzierung dem Controlling.

☐ richtig ☐ falsch

Wenn die Wirkung einzelner Marketing-Instrumente überprüft wird, spricht man von submixbezogenen Wirkungscontrolling.

☐ richtig ☐ falsch

10.6 Prüfungstipps

Welchen Prüfungstipp kann ich aus diesem Abschnitt ziehen?

In Prüfungen wird häufig gefordert, ▪ die Funktion des Controllings allgemein und im Marketing zu erläutern ▪ Marketing-Audit und ergebnisorientiertes Marketing-Controlling zu unterscheiden ▪ die Ansatzpunkte des Marketing-Audits zu benennen ▪ die verschiedenen Kennzahlentypen zu kennen ▪ Marketing-Kennzahlen benennen zu können.

Glossar

ABC-Analyse

Die ABC-Analyse ist ein Verfahren zur Klassifikation von Elementen wie z. B. Produkte oder Kunden. Ursprünglich wurde das Verfahren zur Analyse der Wertbindung in Lagerbeständen entwickelt. Die ABC-Analyse basiert auf der Beobachtung, dass meist nur ein kleiner Prozentsatz der Materialmengen einen großen Prozentsatz des Lagerbestandswertes bindet. Gleiches gilt auch für die Kunden: A-Kunden sind die wenigen Kunden, die einen hohen Umsatzanteil repräsentieren, während C-Kunden viele kleine Kunden, die nur wenig Umsatz bedeuten, sind.

Absatzhelfer

Externe Distributionsorgane, die kein Eigentum an der zu distribuierenden Ware erwerben.

Absatzmittler

Externe Distributionsorgane, die Eigentum an der zu distribuierenden Ware erwerben.

Absatzweg

Der Absatzweg ist der Weg des Produkts über verschiedenen Stationen des Absatzkanals.

Absatzwegepolitik

Gestaltung der Absatzwege vom Unternehmen zum Kunden.

Auktion

Die Auktion ist eine Marktveranstaltung, bei der zu veräußernde Produkte zunächst körperlich dargeboten werden und anschließend der Verkauf an den Meistbietenden erfolgt.

B-to-B-Marketing

Marketing von Unternehmen gegenüber anderen Organisationen wie Herstellern, Handelsunternehmen und öffentliche Institutionen.

Bedürfnispyramide nach Maslow

Nach Abraham Maslow stehen die Bedürfnisse des Menschen in einer hierarchischen Rangordnung: Die Befriedigung niederer Bedürfnisse ist die Voraussetzung für eine Befriedigung höherer Bedürfnisse.

Bonus

Der Bonus ist eine Form des Mengenrabatts. Der Bonus wird meist am Ende einer Periode bei der Erreichung bestimmter Absatz- oder Umsatzgrößen gewährt.

Co-Branding

Beim Co-Branding werden etablierte Marken für einen gemeinsamen Markenauftritt kombiniert, um einen gegenseitigen Imagetransfer (Image) zu erzielen und den Produktnutzen durch eine emotionale Komponente anzureichern. Wegen der damit verbundenen Möglichkeit, neue Absatzpotenziale zu schaffen, ist das Co-Branding eine immer häufiger anzutreffende Markenstrategie.

Conjoint-Measurement

Unter dem Begriff Conjoint-Measurement bzw. Conjoint-Analyse werden alle Methoden der Präferenzanalyse zusammengefasst, bei denen zumindest in einem Teilbereich die Präferenzen dekompositionell, d. h. indirekt erfasst werden.

Controlling

Planung, Steuerung, Kontrolle und Koordination von Organisationen, Prozessen und Projekten sowie Bereitstellung der dafür erforderlichen Informationen.

Corporate Identity

Unternehmenspersönlichkeit als Gesamtheit aller Merkmale eines Unternehmens.

Dachmarke

Auch Corporate Branding oder Umbrella Branding genannt. Bei einer Dachmarke werden alle Produkte des Unternehmens unter einer Marke angeboten.

Data Warehouse

Das Data Warehouse umfasst eine Sammlung unterschiedlicher Datenbestände. Es werden Daten aus unternehmensinternen wie -externen Quellen integriert, wobei die Daten Vergangenheits-, Gegenwarts- und Zukunftsbezug aufweisen können.

Direktmarketing

Formen der Kommunikationspolitik wie Mediawerbung und Verkaufsförderung sowie die meisten Formen der Öffentlichkeitsarbeit richten sich an einen anonymen Markt. Gegebenenfalls sind zwar die einzelnen Segmente des Marktes hinreichend genau umschrieben, die Personen der einzelnen Segmente sind aber nicht individuell bekannt. Beim Direktmarketing dagegen werden die betreffenden Personen namentlich und einzeln umworben. Direktmarketing umfasst damit sämtliche Maßnahmen der Kommunikationspolitik eines Unternehmens, die sich durch einen direkten Kontakt zum Endkunden auszeichnen und einen Dialog bzw. eine Interaktion zwischen beiden Marktpartnern anstreben.

Distributionshelfer

Das sind unternehmensfremde Organe, Mittler erwerben Eigentum, Helfer (Handelsvertreter, Kommissionäre etc.) nicht. Zu den Helfern gehören zahlreiche vertriebsunterstützende Intermediäre. Distributionshelfer jeder Art sind für das Innovationsmarketing von besonderer Bedeutung.

Distributionsorgane

Personen und Organisationen, die von einem distribuierenden Unternehmen mit den distributionspolitischen Aufgaben betraut werden.

Distributionspolitik

Alle Entscheidungen und Maßnahmen, die der akquisitorischen und physischen Verteilung der hergestellten Güter dienen.

E-Commerce

Unter E-Commerce ist die digitale Anbahnung und Abwicklung von Geschäften zu verstehen und ist somit als Teilbereich des E-Business zu charakterisieren. Der Austausch von wirtschaftlichen Gütern gegen Entgelt erfolgt hierbei unter Einsatz eines computergestützten Netzwerkes, wobei nicht nur das Angebot, sondern auch die Inanspruchnahme elektronisch erfolgt. Von Bedeutung ist insbesondere die Unterteilung in die beiden Felder: Business-to-Business (B2B)-E-Commerce und Business-to-Consumer (B2C)-E-Commerce. Im B2B-Bereich werden Transaktionen zwischen verschiedenen Unternehmen abgewickelt.

Einzelhandel

Handelsunternehmen, die vorwiegend an Endverbraucher verkaufen.

Ergebnisorientiertes Marketing-Controlling

Überprüfung und Analyse des Zielerreichungsgrades der marktorientierten Unternehmensführung.

Feldexperiment

Ein Feldexperiment ist eine Befragung und/oder eine Beobachtung in einem natürlichen Umfeld.

Großhandel

Handelsunternehmen, die vorwiegend an Wiederverkäufer, Weiterverarbeiter und Großverbraucher verkaufen.

Handelsmarke

Bei einer Handelsmarke (HM) tritt das Handelsunternehmen als Eigner der Marke auf. Die Trägerschaft des gewerblichen Schutzrechtes ist somit Hauptunterscheidungsmerkmal zwischen der Handelsmarke und einem klassischen Markenartikel.

Handelsspanne

Die Differenz zwischen dem Einstands- und Verkaufspreis einer von einem Handelsbetrieb (Handel) umgesetzten Ware wird gemeinhin als Handelsspanne bezeichnet.

Impulskauf

Der Impulskauf ist ein Spontankauf. Das Kaufverhalten ist ungeplant und wird durch einen Impuls am Point of Sale ausgelöst. Typische Impulskaufkategorien sind z.B. Süßwaren.

Industriegütermarketing

Das Industriegütermarketing, auch als Investitionsgütermarketing bezeichnet, befasst sich mit der Vermarktung von Industrie- bzw. Investitionsgütern (Marketing).

Involvement

Involvement ist eines der wichtigsten Konstrukte im Konsumentenverhalten und bezeichnet das Ausmaß an Aktivierung bzw. die Motivstärke oder innere Ichbeteiligung eines Konsumenten bei der Suche, Aufnahme, Verarbeitung und Speicherung von Informationen.

Kennzahlen

Zusammengefasste quantitative betriebliche Informationen.

Kommunikationspolitik

Alle Entscheidungen und Maßnahmen, die der Gestaltung von Informationen dienen, die auf die Umwelt und die Mitarbeiter des Unternehmens gerichtet sind.

Konditionenpolitik

Alle Entscheidungen und Maßnahmen, welche die Gestaltung aller über den Preis hinausreichenden Vertragsbedingungen betreffen.

Kontaktmaßzahl

Die Kontaktmaßzahl gibt Informationen über die Anzahl von Kontakten oder Kontaktwahrscheinlichkeiten eines Mediums mit seinen Nutzern. Eine Kontaktmaßzahl ist die REICHWEITE.

Kundenbindung

Gebundensein eines Kunden an einen bestimmten Anbieter in der Hinsicht, dass innerhalb eines Zeitraums Geschäftsabschlüsse getätigt und wiederholt werden.

Kundenloyalität

Die Kundenloyalität zeigt sich im Wiederkaufverhalten von Kunden, in der Art derWeiterempfehlung (bisheriges Verhalten), in der Wiederkaufabsicht, in der Bereitschaft zu Zusatzkäufen (Cross Selling Potenzial) und in derWeiterempfehlungsabsicht (= beabsichtigtes Verhalten).

Kundenwert

Der Kundenwert ist der diskontierte Einzahlungsüberschuss, den ein Kunde imgesamten Verlauf seiner Geschäftsbeziehung für das Unternehmen erzeugt.

Kundenzufriedenheit

Ergebnis eines psychischen Vorgangs, bei dem der Kunde zwischen der von ihm wahrgenommenen Leistung eines Unternehmens (Ist-Leistung) und seinen Erwartungen (Soll-Leistung) vergleicht.

Lebenszyklus-Analyse

Annahme, dass Produkte einen Lebenszyklus durchlaufen, der von der Markteinführung des Produktes bis zum Verschwinden des Produktes vom Markt reicht.

Listung

Die Listung eines Produktes bezeichnet die Aufnahme des Artikels in den Ordersatz des jeweiligen Handelsunternehmens. Das Produkt kann somit von den einzelnen Verkaufsstätten des Handelsunternehmens bestellt werden.

Makler

Makler werden für die Vermittlung eines Vertragsabschlusses zwischen Käufer und Verkäufer eingesetzt. Wird infolge der Maklertätigkeit ein rechtsgültiger Vertrag zwischen Käufer und Verkäufer geschlossen, verpflichtet sich der Auftraggeber mit dem Abschluss eines Maklervertrags zur Zahlung einer Vergütung (Provision, Maklerlohn).

Makroumwelt

Alle Faktoren, die außerhalb des Unternehmens liegen und Einfluss auf das Unternehmen haben, die das Unternehmen umgekehrt aber selbst nicht beeinflussen kann.

Marke

Gesamtheit aller Eigenschaften, die der Kunde mit einem Unternehmen oder einem Produkt verbinden soll, um es von anderen zu unterscheiden.

Markenpolitik

Alle Entscheidungen und Maßnahmen, welche die Gestaltung einer Marke umfassen.

Marketing (enge Definition als Absatzmarketing)

Marketing ist alles das, was ein Unternehmen tut, damit der Kunde dessen Produkte kauft.

Marketing (weite Definition)

Marketing ist alles das, was jemand tut, damit jemand anderes etwas tut.

Marketing-Audit

Überprüfung der Prämissen und Rahmenbedingungen für Planungen, Kontrollen und Steuerungsmaßnahmen im Marketing-Bereich.

Marketing-Controlling

Gesamtheit der Aktivitäten, die den Prozess sowie das Ergebnis von Marketing-Entscheidungen überprüfen.

Marketingplan

In einem Marketing-Jahresplan werden meistens folgende Einzelplanungen miteinander verbunden: Kontrolle der Planungsprämissen (Prämissenplanung), Kontrolle der Ergebnisse, Fortschreibung des langfristigen Marketingplan und Festlegung der Maßnahmen im Planungsjahr.

Marktforschung

Alle unternehmerischen Aktivitäten, die dazu dienen, Informationen über alle marketingrelevanten Bereiche des Unternehmens sowie der Unternehmensumwelt zu gewinnen und aufzubereiten.

Marktlücken

Marktlücken sind Bedarfsnischen, die bisher noch von keinem Anbieter bedient werden.

Marktpotenzial

Das Marktpotenzial beschreibt die maximale Aufnahmefähigkeit eines Marktes.

Marktsegmentierung

Sortierung einer großen heterogenen Kundengruppe in kleinere, in sich homogene Kundengruppen.

Marktveranstaltungen

Institutionalisierte Gelegenheiten zur Gewinnung von Informationen, zur Herstellung und Pflege von Kontakten und zu der Anbahnung und dem Abschluss von Geschäften.

Mikroumwelt

Alle Faktoren, die außerhalb des Unternehmens liegen und Einfluss auf das Unternehmen haben, die das Unternehmen umgekehrt aber auch beeinflussen kann.

Nettoreichweite

Die Nettoreichweite ist ein Begriff der Mediaplanung. Die Nettoreichweite bezeichnet die Personen einer Zielgruppe, die bei Schaltungen in Werbeträgern mindestens einmal erreicht wurden. Bei mehreren Schaltungen in einem Werbeträger oder Schaltungen in mehreren Werbeträgern wird um die internen und externen Überschneidungen bereinigt.

Nielsen-Gebiete

Das Nielsen-Marktforschungsinstitut hat eine räumliche Aufteilung der deutschen Länder vorgenommen (Nielsen-Gebiete I bis VII).

Nutzentreiber

Produkteigenschaft, die wichtig ist, weil sie beim Kunden dessen Nutzen bei der Produktnutzung stark beeinflusst.

Öffentlichkeitsarbeit

Alle Maßnahmen und Entscheidungen, welche die Gestaltung der Beziehungen zur Öffentlichkeit betreffen und nicht der konkreten Absatzsteigerung dienen.

Online-Marken

Hierbei handelt es sich um Marken, die nur eine Bedeutung im Internet haben.

Point of Sale PoS

Der Point of Sale (PoS) ist der Verkaufsort (z.B. Kühlregal) aus Sicht der Handelsfiliale bzw. der Ort des Einkaufs aus Sicht des Shoppers. Am PoS tritt der Shopper in unmittelbaren Kontakt mit dem Warenangebot der Handelsfiliale.

Preispolitik

Alle Entscheidungen und Maßnahmen, welche die Gestaltung des Preises betreffen.

Preisdifferenzierung

Festlegung unterschiedlicher Preise für dasselbe Produkt durch dasselbe Unternehmen in Abhängigkeit bestimmter Kriterien.

Pre-Tests

Pre-Tests sind Werbetests, diese sollen die Wirksamkeit von Werbemaßnahmen (z. B. Anzeigen, Rundfunkspots) vor ihrem Einsatz im Markt empirisch untersuchen.

Primärforschung

Gewinnung von Wissen durch eigene Erhebung von Informationen.

Produktdifferenzierung

Schaffung einer weiteren Produktvariante als zusätzliches Angebot.

Produktfamilie

Eine Produktfamilie ist eine Gruppe von Produkten, die unter einer einzigen Marke (einer sogenannten Dachmarke) angeboten werden.

Produktpolitik

Alle Entscheidungen und Maßnahmen, welche die Gestaltung des Leistungsprogramms umfassen.

Produkttests

Produkttests sind experimentelle Untersuchungen, in denen Testpersonen probeweise überlassene Produkte gebrauchen oder verbrauchen. Danach erfolgt eine subjektive Beurteilung der Produkte.

Produktvariation

Veränderung von bereits im Produktprogramm enthaltenen Produkten im Laufe der Zeit, wobei das bisherige Produkt durch das neue Produkt ersetzt wird.

Programmpolitik

Alle Maßnahmen und Entscheidungen, welche die Gestaltung der gesamten Angebotspalette eines Unternehmens betreffen.

Rack Jobber

Der Handel vermietet Regalflächen an Hersteller oder Großhändler, die dort Produkte auf eigene Rechnung verkaufen (Form der vertikalen Kooperation). Der Rack Jobber übernimmt Bestandaufnahme, Bedarfsermittlung und Sortimentpflege. Für die Überlassung der Fläche und die Übernahme des Inkassos erhält der Handel einen festen Betrag (Miete) und/oder eine Umsatzprovision.

Sekundärforschung

Gewinnung von Wissen durch Übernahme oder Auswertung bereits vorhandener Informationsquellen.

Servicepolitik

Alle Maßnahmen und Entscheidungen, welche die Gestaltung von ergänzenden Dienstleistungen betreffen.

Sortimentspolitik

Alle Maßnahmen und Entscheidungen, welche in einem Handelsunternehmen die Gestaltung des Sortiments betreffen.

Sponsoring

Unterstützung von Einzelpersonen, Institutionen oder Veranstaltungen mit Geld, Sachgütern oder Dienstleistungen durch ein Unternehmen gegen Gegenleistung.

Suchmaschinenmarketing

Hierbei handelt es sich um eine Bezeichnung aus der Marketingpraxis für die aktive Optimierung der Einträge in Suchmaschinen, damit die Domain oder Internetadresse potenziellen Kunden bekannt gemacht werden kann.

SWOT-Analyse

Verbindung der Erkenntnisse aus von Umweltanalyse und Unternehmensanalyse (Stärken-Schwächen-Analyse).

Trend

1. Grundausrichtung einer Entwicklung über eine lange Zeit. Der Entwicklung liegen Daten aus der Vergangenheit in Form einer Zeitreihe zugrunde.
2. Technologische Trends hinterfragen technische Funktionen im Gegensatz zu technischen Trends, die technische Strukturen fortschreiben. Hüllkurven (Trend Curves) fassen mehrere S-Kurven zusammen und basieren auf technischen Trends, da technische Trends physikalische Grenzen haben.

Umwelt

Alle Faktoren, die außerhalb des Unternehmens liegen und einen Einfluss auf das Unternehmen haben.

Unique Selling Proposition USP

Unique Selling Proposition bezeichnet die faktische (tatsächliche) Alleinstellung eines Produktes am Markt.

Verkäufermarkt

Beim Verkäufermarkt hat der Anbieter gegenüber den Nachfragern eine stärkere Marktposition. Die Nachfrage ist größer als das Angebot (Nachfrageüberhang).

Verkaufsförderung

Alle Maßnahmen und Instrumente, die der kurzfristigen Absatzsteigerung dienen.

Verkaufstypologie

Form des Kontakts zum Kunden.

Verpackungspolitik

Alle Maßnahmen und Entscheidungen, welche die Gestaltung der Verpackungen betreffen.

Werbeerfolgskontrolle

Die Werbeerfolgskontrolle ist die Überprüfung (Soll-Ist-Vergleich), inwieweit die Werbeziele durch die Werbemaßnahmen erreicht wurden.

Werbetracking

Werbetracking ist ein kontinuierlicher Post-Test. Empirisch untersucht wird die Werbewirkung im Zeitablauf (z. B. Markenbekanntheit).

Werbung

Gestaltung und Einsatz von Mitteln, die Aufmerksamkeit erzeugen, über Produkte und Marken informieren und Anreize zu deren Kauf setzen sollen.

Wettbewerbsvorteil

Ein für den Kunden wichtiger Vorteil, den ein Unternehmen und seine Produkte aus Sicht der Kunden dauerhaft gegenüber den Wettbewerbern haben.

Zweitmarke

Die Zweitmarke ist ein Produkt, dass sich von der Erstmarke (Markenartikel) durch bestimmte Produktmerkmale, z. B. durch Name, Design oder Verpackung, unterscheidet. Die Zweitmarke bedient andere Zielgruppen, z. B. über andere Vertriebswege als die Erstmarke. Sie wird meist über eine Niedrigpreisstrategie in den Markt gebracht.

Lösungen

Schritt 1: Grundbegriffe des Marketing

Das Marketing-Controlling sorgt für den Kreislaufcharakter des Marketing-Regelkreises.

■ richtig ☐ falsch

Das Strategische Marketing wird auch Marketing-Mix genannt.

☐ richtig ■ falsch

De-Marketing sind alle Marketingmaßnahmen, die für den Standort Deutschland werben.

☐ richtig ■ falsch

Der Marketing-Mix besteht aus drei Feldern.

☐ richtig ■ falsch

Die Markenpolitik kann auch der Distributionspolitik zugeordnet werden.

☐ richtig ■ falsch

Die Marketing-Strategien leiten sich von den Marketing-Zielen ab.

■ richtig ☐ falsch

Marketing in der weiten Definition ist alles, was jemand tut, damit jemand anderes etwas tut.

■ richtig ☐ falsch

Marketing kann als konsequente Ausrichtung aller Aktivitäten an den Bedürfnissen des Marktes beschrieben werden.

■ richtig ☐ falsch

Marketing können auch Maßnahmen sein, die einen anderen dazu veranlassen sollen, etwas nicht zu tun.

■ richtig ☐ falsch

Marketing meint heute nur die Unternehmensfunktion des Absatzes (Absatzwirtschaft).

☐ richtig ■ falsch

Marketing richtet sich immer nur an Kunden.

☐ richtig ■ falsch

Marketing-Ziele können nur quantitative Zielgrößen sein.

☐ richtig ■ falsch

Non-Profit-Organisationen betreiben nie Marketing.

☐ richtig ■ falsch

Produkte sind ausschließlich Sachgüter und Rechte.

☐ richtig ■ falsch

Strategisches Marketing bedeutet zu entscheiden, mithilfe welcher Potenziale das Unternehmen seine Marketing-Ziele erreichen möchte.

■ richtig ☐ falsch

Schritt 2: Marktforschung

Als Makroumwelt bezeichnet man jene Umweltbedingungen eines Unternehmens, die vom Unternehmen gut beeinflusst werden können.

☐ richtig ■ falsch

Das Marketing-Controlling sorgt für den Kreislaufcharakter des Marketing-Regelkreises.

■ richtig ☐ falsch

Bei einer Meta-Analyse werden Informationen über das Verhalten von Untersuchungsobjekten aufgezeichnet.

☐ richtig ■ falsch

Das Branchenstrukturmodell unterscheidet vier Kräfte, die den Markterfolg eines Unternehmens gefährden können.

☐ richtig ■ falsch

Der demographische Wandel gehört zur sozialen Makroumwelt eines Unternehmens.

■ richtig ☐ falsch

Die Befragung ist eine seltene Form der Marktforschung in der Betriebswirtschaftslehre.

☐ richtig ■ falsch

Die Umweltanalyse soll Stärken und Schwächen des Unternehmens identifizieren.

☐ richtig ■ falsch

Differenzierte Marktbearbeitung bedeutet, dass ein Unternehmen mit seinem Marketing nur ein einzelnes Marktsegment bearbeitet.

☐ richtig ■ falsch

Kunden und Lieferanten gehören zur Mikroumwelt des Unternehmens.

■ richtig ☐ falsch

Marktsegmentierung ist die Voraussetzung für undifferenziertes Marketing.

☐ richtig ■ falsch

Marktsegmentierung kann auch den organisatorischen Aufbau eines Unternehmens beeinflussen.

■ richtig ☐ falsch

Nur aktuelle, nicht potenzielle Konkurrenten gehören zur Mikroumwelt des Unternehmens.

☐ richtig ■ falsch

Primärforschung ist die Gewinnung von Wissen durch eigene Erhebung von Informationen.

■ richtig ☐ falsch

Wechselkurse, Leitzinsen und Inflationsrate gehören zur Mikroumwelt des Marketings.

☐ richtig ■ falsch

Ziel der Marktsegmentierung ist es, möglichst heterogene Kundengruppen zu bilden.

☐ richtig ■ falsch

Zur ökonomischen Makroumwelt eines Unternehmens gehören auch die Lieferanten und Kunden.

☐ richtig ■ falsch

Strategisches Marketing bedeutet zu entscheiden, mit Hilfe welcher Potenziale das Unternehmen seine Marketing-Ziele erreichen möchte.

■ richtig ☐ falsch

Schritt 3: Konsumentenverhalten

Als Cross-Selling bezeichnet man den Kauf höherwertiger Produkte.

☐ richtig ■ falsch

Bei impulsiven Kaufentscheidungen evaluiert der Kunde sorgfältig alle Kaufalternativen.

☐ richtig ■ falsch

Bei limitierten Kaufentscheidungen greift der Kunde auf bewährte Handlungsmuster und Entscheidungskriterien zurück.

■ richtig ☐ falsch

Bei Unzufriedenheit des Kunden ist die Beschwerde im Vergleich zur Abwanderung die bessere Alternative.

■ richtig ☐ falsch

Beim Konsumentenverhalten geht es um die Betrachtung aller Vorgänge durch Konsumenten nur in der Vorkaufphase.

☐ richtig ■ falsch

Die Erwartungen der Kunden an Produkte werden ausschließlich durch die Bedürfnisse der Kunden bestimmt.

☐ richtig ■ falsch

Die Leistung eines Unternehmens besteht nur aus den Produkten und den ergänzenden Dienstleistungen.

☐ richtig ■ falsch

Ein habitueller Kaufentscheidungsprozess ist ein stark verkürzter Entscheidungsprozess.

■ richtig ☐ falsch

Ein Vorteil einer hohen Kundenbindung ist die zunehmende Preissensibilität.

□ richtig ■ falsch

Emotionale Kundenbindung ist Kundenbindung aus Kundenzufriedenheit.

■ richtig □ falsch

Für den Markterfolg eines Unternehmens ist die durch den Kunden wahrgenommene Leistung und nicht dessen tatsächliche Leistung entscheidend.

■ richtig □ falsch

Gebundene Kunden geben häufiger Weiterempfehlungen als nicht gebundene Kunden.

■ richtig □ falsch

Gebundene Kunden haben im Durchschnitt höhere Rechnungsbeträge.

■ richtig □ falsch

Gebundene Kunden verursachen geringere Vertriebs- und Verwaltungskosten als nicht gebundene Kunden.

■ richtig □ falsch

Objektorientierte Verfahren zur Messung von Kundenzufriedenheit knüpfen unmittelbar an der Einschätzung des Kunden an.

□ richtig ■ falsch

Ökonomische Kundenbindung bedeutet ausschließlich, dass man sich wegen eines günstigen Preises gebunden fühlt.

□ richtig ■ falsch

Variety Seeking bedeutet, dass Konsumenten sich nicht binden, obwohl sie zufrieden sind, weil sie Abwechslung suchen.

■ richtig □ falsch

Wenn sich ein Kunde an ein Unternehmen gebunden fühlt, das technische Neuheiten auf den Markt bringt, nennt man dies technisch-funktionale Kundenbindung.

□ richtig ■ falsch

Wenn sich ein Kunde wegen des sozialen Sponsorings eines Unternehmens gebunden fühlt, nennt man dies soziale Kundenbindung.

☐ richtig ■ falsch

Zufriedenheit entsteht beim Kunden durch Vergleich der eigenen Erwartungen mit der objektiven Leistung des Unternehmens.

☐ richtig ■ falsch

Schritt 4: Strategisches Management

Bei der BCG-Portfolio-Analyse werden das reale Marktwachstum und der absolute Marktanteil betrachtet.

☐ richtig ■ falsch

Bei der Bemessung der Stärke des eigenen Unternehmens ist wichtig, dass das Unternehmen sich im Vergleich zu Konkurrenzunternehmen einschätzt.

■ richtig ☐ falsch

Bei der Differenzierungsstrategie versucht das Unternehmen, etwas Besonderes, vielleicht Einzigartiges anzubieten, das die Kunden wertschätzen.

■ richtig ☐ falsch

Bei der Marktentwicklungsstrategie hat das Unternehmen das Ziel, mit den derzeitig angebotenen Produkten auf neuen Märkten Erfolg zu haben.

■ richtig ☐ falsch

Die Ursache für die Diseconomies of scale ist die hohe Komplexität bei zu großen Produktionsmengen.

■ richtig ☐ falsch

Ein Wettbewerbsvorteil ist ein Vorteil, den ein Unternehmen bei sich selbst gegenüber Wettbewerbern sieht.

☐ richtig ■ falsch

Eine Situation von sowohl Kosten- als auch Leistungsführerschaft bezeichnet man als Outstanding.

☐ richtig ■ falsch

Fixe Kosten verändern sich nicht mit der Produktionsmenge, sondern nur mit der Produktionskapazität.

■ richtig ☐ falsch

Fixkostendegression meint den Effekt, dass bei höherer Produktionsmenge die Fixkosten sinken.

☐ richtig ■ falsch

Flexibilisierung von Kosten bedeutet die Umwandlung von variablen Kosten in fixe Kosten.

☐ richtig ■ falsch

Hybrides Käuferverhalten bedeutet, dass viele Konsumenten nur noch günstige Produkte einkaufen.

☐ richtig ■ falsch

In der BCG-Portfolio-Analyse sind Question Marks Produkte, die auf attraktiven Märkten eine starke Wettbewerbsposition haben.

☐ richtig ■ falsch

Irrelevante Stärken eines Unternehmens sind immer unproblematisch.

☐ richtig ■ falsch

Kostenmanagement umfasst ausschließlich Veränderungen bei Kostenniveau und Kostenstruktur.

☐ richtig ■ falsch

Marktdurchdringung heißt, den Absatz bestehender Produkte auf bestehenden Märkten zu verstärken.

■ richtig ☐ falsch

Preisführerschaft muss auf Dauer mit Kostenführerschaft einhergehen.

■ richtig ☐ falsch

Skaleneffekte bedeuten, dass eine Verdopplung der Produktionsmenge zwingend zu einer Stückkostenreduktion von 20 bis 30 % führt.

☐ richtig ■ falsch

Skaleneffekte sind ein Grund, warum viele Unternehmen ihren Marktanteil erhöhen möchten.

■ richtig ☐ falsch

Strategische Geschäftseinheiten sind Teilbereiche des Unternehmen, die unabhängig von anderen Teilbereichen des Unternehmens auf Märkten Produkte anbieten.

■ richtig ☐ falsch

Wenn ein Unternehmen Produkte aus vor- oder nachgelagerten Wertschöpfungsstufen anbietet, spricht man von horizontaler Diversifikation.

☐ richtig ■ falsch

Schritt 5: Produkt- und Programmpolitik

Bei der Produktdifferenzierung besteht die Gefahr der Image-Verwässerung.

■ richtig ☐ falsch

Bei Prüfqualitäten kann der Kunde deren Nutzen vor und nach der Nutzung des Produkts einschätzen.

■ richtig ☐ falsch

Der soziale Zusatznutzen wird auch Geltungsnutzen genannt.

■ richtig ☐ falsch

Die eigenen Mitarbeiter sind keine geeignete Quelle bei Produktinnovationen.

☐ richtig ■ falsch

Die Sortimentstiefe bezeichnet die Anzahl verschiedener Warengruppen, die ein Handelsunternehmen im Sortiment führt.

☐ richtig ■ falsch

Ein Nutzentreiber ist eine Produkteigenschaft, die wichtig ist, weil sie beim Kunden dessen Nutzen bei der Produktnutzung stark beeinflusst.

■ richtig ☐ falsch

Ein Unternehmen, das Kundenspezialist ist, hat meist eine größere Programmbreite und eine geringere Programmtiefe.

■ richtig ☐ falsch

Ergänzende Dienstleistungen können vom Unternehmen nur vor dem Kauf angeboten werden.

□ richtig ■ falsch

Mass-Customization ist eine extreme Form der Produktvariation.

□ richtig ■ falsch

Problem beim Ethno-Marketing ist die Definition der Zielgruppe.

■ richtig □ falsch

Produktvariation ist die Veränderung des Produkts im Zeitablauf bei Ersatz des bisherigen Produkts.

■ richtig □ falsch

Sichtbares Gender-Marketing wird häufig bei Konsumgütern des täglichen Bedarfs eingesetzt.

■ richtig □ falsch

Sortimentsmächtigkeit bezeichnet die Anzahl der Stücke pro Sorte, die ein Handelsunternehmen im Sortiment führt.

■ richtig □ falsch

Wenn ein Kunde die Verpackung besonders bequem benutzen kann, spricht man von der Consequencefunktion der Verpackung.

□ richtig ■ falsch

Wenn Vertrauensqualitäten bei Produkten dominieren, sind die Nutzentreiber für den Kunden schwer zu beurteilen.

■ richtig □ falsch

Schritt 6: Markenpolitik

Bei einer Mehrmarkenstrategie vermarktet ein Unternehmen seine bestehende Marke mit mehreren Produkten.

□ richtig ■ falsch

Den Ersatz einer alten Marke durch eine neu entwickelte Marke nennt man Markentransfer.

□ richtig ■ falsch

Die beiden einzigen Funktionen einer Marke sind Informationseffizienz und ideeller Nutzen.

☐ richtig ■ falsch

Die in der Psyche des Kunden verankerte Vorstellung einer Marke nennt man Markenbotschaft.

☐ richtig ■ falsch

Die Markenpolitik beeinflusst alle vier übrigen Bereiche des Marketing-Mixes.

■ richtig ☐ falsch

Die Verpackung von Markenprodukten kann nichts zur Markenbildung beitragen.

☐ richtig ■ falsch

Markenrelevanz bezeichnet die Wichtigkeit einer speziellen Marke für den Gesamtmarkt wegen des großen Marktanteils.

☐ richtig ■ falsch

Unternehmen sollten mit ihren Marken versuchen, eine große Markengleichheit zu erreichen.

☐ richtig ■ falsch

Beim Co-Branding wird im Rahmen einer Kooperation ein Produkt mit zwei Marken gleichzeitig markiert.

■ richtig ☐ falsch

Ideeller Nutzen einer Marke bedeutet, dass der Kunde mit einer Marke spezielle Eigenschaften eines Produkts verbindet.

☐ richtig ■ falsch

Schritt 7: Preis- und Konditionenpolitik

Auch die Organisationsstruktur des Unternehmens kann einen Einfluss auf die Preisentscheidung haben.

■ richtig ☐ falsch

Bei Gütern, die nicht aufbewahrt werden können, ist der Konsumdruck höher, je kürzer der Zeitpunkt der Zahlung zurückliegt.

■ richtig ☐ falsch

Der Preis hat als Erfolgsfaktor in den letzten Jahren an Bedeutung verloren.

□ richtig ■ falsch

Die Höhe der Preiselastizität ist auch davon abhängig, wie transport- und lagerfähig das betrachtete Produkt ist.

■ richtig □ falsch

Die kurzfristige Preisuntergrenze liegt auf dem Preis, bei dem alle variablen Kosten gedeckt sind.

■ richtig □ falsch

Die langfristige Preisuntergrenze liegt auf dem Preis, bei dem alle variablen Kosten gedeckt sind.

□ richtig ■ falsch

Die Preis- und Konditionenpolitik wird auch als Leistungspolitik bezeichnet.

□ richtig ■ falsch

Die Preiselastizität zeigt an, wie stark die Nachfrage auf Preisveränderungen reagiert.

■ richtig □ falsch

Ein Produkt mit niedriger Qualität und hohem Preis anzubieten, nennt man Mehrwert-Strategie.

□ richtig ■ falsch

Einzige Einflussgrößen auf die Preisfestlegung sind die Kosten und das Wertempfinden der Kunden.

□ richtig ■ falsch

Es kann sinnvoll sein, dass ein Unternehmen einen Preis anbietet, der unter der kurzfristigen Preisuntergrenze liegt.

■ richtig □ falsch

In Deutschland ist die vertikale Preisbindung grundsätzlich erlaubt.

□ richtig ■ falsch

Mit der Preis- und Konditionenpolitik kann das Unternehmen nur schlecht auf Konkurrenzmaßnahmen reagieren.

□ richtig ■ falsch

Mittels der Penetrationsstrategie ist es möglich, die Preisbereitschaft des Kunden graduell abzuschöpfen.

☐ richtig ■ falsch

Nur wenn das Produkt neu eingeführt wird, muss ein Preis festgelegt werden.

☐ richtig ■ falsch

Schritt 8: Distributionspolitik

Absatzhelfer erwerben Eigentum an der Ware, Absatzmittler nicht.

☐ richtig ■ falsch

Außendienstmitarbeiter sind interne Distributionsorgane.

■ richtig ☐ falsch

Bei vielen kleinen Abnehmern empfiehlt sich der direkte Absatz.

☐ richtig ■ falsch

Beim exklusiven Absatz setzt ein Hersteller alle Händler ein, die festgelegte Kriterien erfüllen.

☐ richtig ■ falsch

Beim Vertrieb erklärungsbedürftiger Produkte empfiehlt sich der indirekte Absatz.

☐ richtig ■ falsch

Der Großhandel hat vorwiegend Wiederverkäufer, Weiterverarbeiter und Großverbraucher als Kunden.

■ richtig ☐ falsch

Der Streckengroßhandel legt einen besonderen Schwerpunkt seiner Aufgabenerfüllung auf die Lagerhaltung der gehandelten Güter.

☐ richtig ■ falsch

Der Vertragshandel ist eine Form des intensiven Vertriebs.

☐ richtig ■ falsch

Die Aufgaben der Handelsvertreter entsprechen den Aufgaben des Außendienstmitarbeiters.

■ richtig ☐ falsch

Die physische Distribution kann den Absatz nicht beeinflussen.

☐ richtig ■ falsch

Franchising kann wegen der hohen wirtschaftlichen Abhängigkeit auch als quasi-internes Distributionsorgan gesehen werden.

■ richtig ☐ falsch

Handelsunternehmen sind Transaktionskostenmaximierer.

☐ richtig ■ falsch

Im Rahmen der passiven Informationsaufgabe gibt ein Distributionsorgan Informationen an den Kunden.

☐ richtig ■ falsch

Ubiquitärer Absatz bedeutet, dass ein Hersteller möglichst viele Absatzmittler einsetzt, auch wenn es im Einzelfall wirtschaftlich nicht sinnvoll ist.

■ richtig ☐ falsch

Unternehmen des Großhandels kaufen immer große Mengen ein und verkaufen immer kleinere Mengen.

☐ richtig ■ falsch

Schritt 9: Kommunikationspolitik

Bei der Push-Strategie adressiert ein Hersteller sein Marketing an Endkunden, die dann beim Händler das Produkt kaufen möchten.

☐ richtig ■ falsch

Beim Product Placement wird ein direkter Kontakt zwischen dem verkaufenden Unternehmen und dem potenziellen Kunden hergestellt.

☐ richtig ■ falsch

Bekanntheit und Image sollten sich immer auf die relevante Zielgruppe beziehen.

■ richtig ☐ falsch

Corporate Behavior ist das Verhalten des Unternehmens und seiner Mitarbeiter nach innen und nach außen.

■ richtig ☐ falsch

Das Instrument der Öffentlichkeitsarbeit dient der kurzfristigen Absatzsteigerung.

☐ richtig ■ falsch

Das Instrument der Verkaufsförderung dient der kurzfristigen Absatzsteigerung.

■ richtig ☐ falsch

Die Ausnutzung der medialen Aufmerksamkeit eines Großereignisses, ohne selbst Sponsor der Veranstaltung zu sein, wird Ambient Marketing genannt.

☐ richtig ■ falsch

Die Glaubwürdigkeit der Werbung aus Sicht der Kunden hat in den letzten Jahrzehnten abgenommen.

■ richtig ☐ falsch

Die Kommunikationspolitik richtet sich nur an die Kunden des Unternehmens.

☐ richtig ■ falsch

Die Standardisierungsfunktion der Kommunikationspolitik meint, dass die Kommunikationsmedien alle gleichartig gestaltet sein sollen.

☐ richtig ■ falsch

Integrierte Marketing-Kommunikation bedeutet, dass auch Behinderte von der Kommunikationspolitik angesprochen werden.

☐ richtig ■ falsch

Kommunikationspolitische Maßnahmen können die Aufgabe haben, den Kunden nach dem Kauf in seiner Kaufentscheidung zu bestätigen.

■ richtig ☐ falsch

Nur positive emotionale Reize können in der Werbung Aufmerksamkeit erregen.

☐ richtig ■ falsch

Reaktanz bedeutet, dass der potenzielle Kunde nach Wahrnehmung der Marketingmaßnahmen das Produkt sofort kaufen möchte.

☐ richtig ■ falsch

Werbung gilt als Below-the-line-Instrument der Kommunikationspolitik.

☐ richtig ■ falsch

Schritt 10: Marketing-Controlling

Das Marketing-Audit hat die Aufgabe, die Prämissen und Rahmenbedingungen im Marketing-Bereich zu überprüfen.

■ richtig ☐ falsch

Das Marketing-Audit überprüft den Zielerreichungsgrad der marktorientierten Unternehmensführung.

☐ richtig ■ falsch

Das Ziel-Audit hat die Aufgabe zu überwachen, ob das strategische Marketing die Ziele erreicht hat.

☐ richtig ■ falsch

Effizienz ist im Marketing erreicht, wenn die vorgegebenen Ziele erreicht werden.

☐ richtig ■ falsch

Im Zentrum des ergebnisorientierten Marketing-Controllings stehen die Marketing-Prozesse.

☐ richtig ■ falsch

Kennzahlen sind zusammengefasste qualitative betriebliche Informationen.

☐ richtig ■ falsch

Marketing und Controlling stehen immer widerspruchsfrei zueinander.

☐ richtig ■ falsch

Marketing-Controlling bedeutet nicht nur die Kontrolle, sondern auch die Steuerung von Marketingprozessen.

■ richtig ☐ falsch

Standardisierung gefällt dem Marketing, Differenzierung dem Controlling.

☐ richtig ■ falsch

Wenn die Wirkung einzelner Marketing-Instrumente überprüft wird, spricht man von submixbezogenen Wirkungscontrolling.

■ richtig ☐ falsch

Literatur

Jochen Becker: Marketing-Konzeption: Grundlagen des ziel-strategischen und operativen Marketing-Managements, Vahlen 2012

Manfred Bruhn: Marketing – Grundlagen für Studium und Praxis, SpringerGabler 2016

Alexander Hennig / Willy Schneider: Lexikon Kennzahlen für Marketing und Vertrieb: Das Marketing-Cockpit von A-Z, Springer 2008

Alexander Hennig / Willy Schneider: Zur Kasse, Schnäppchen! Warum wir immer mehr kaufen als wir wollen, Südwest-Verlag 2010

Christian Homburg: Grundlagen des Marketingmanagements. Einführung in Strategie, Instrumente, Umsetzung und Unternehmensführung, SpringerGabler 2016

Christian Homburg: Marketingmanagement. Strategie – Instrumente – Umsetzung – Unternehmensführung, SpringerGabler 2016

Philip Kotler / Gary Armstrong / Lloyd C. Harris / Nigel Piercy: Grundlagen des Marketing, Pearson 2016

Philip Kotler / Kevin Lane Keller / Marc Oliver Opresnik: Marketing-Management. Konzepte – Instrumente – Unternehmensfallstudien, Pearson 2017

Heribert Meffert / Christoph Burmann / Manfred Kirchgeorg: Marketing: Grundlagen marktorientierter Unternehmensführung. Konzepte - Instrumente – Praxisbeispiele, SpringerGabler 2014

Willy Schneider: Marketingforschung und Käuferverhalten: Effiziente Beschaffung und Analyse von Markt und Kundeninformationen, Oldenbourg 2012

Willy Schneider: Operatives Marketing: Zielgerichteter Einsatz des Marketing-Instrumentariums, Oldenbourg 2013

Willy Schneider: Strategisches Marketing: Von der Planung zum strategischen Profil, Oldenbourg 2013

Stichwortverzeichnis

narr\f
ranck
e\atte
mpto

MANAGEMENT \ BWL

Matthias Sander

Marketing-Management

Märkte, Marktforschung und Marktbearbeitung

utb L

3., überarbeitete und erweiterte Auflage 2019, ca. 951 Seiten
€[D] 59,99
ISBN 978-3-8252-8764-1
eISBN 978-3-8252-8764-1

Marketing verstehen und anwenden!
Dieses Buch lässt keine Fragen offen: Matthias Sander stellt darin detailliert die Grundlagen des Marketings sowie des Käuferverhaltens vor und geht zudem auf die Marktforschung und das Anfertigen von Marktprognosen ein. Darüber hinaus nimmt er ausführlich die Teilfunktionen des Marketing-Managements unter die Lupe - von der strategischen Planung und der Planung des Marketing-Instrumente-Einsatzes über die Implementierung bis hin zum Controlling, der Organisation und dem Human-Resource-Management im Marketing.
Auch auf das Neuromarketing und das Yield-Management geht der Autor ein. Darüber hinaus stellt er – neu in dieser Auflage – die innovativen Kommunikationsinstrumente des Social-Media- und Mobile-Marketings vor. Zum ersten Mal im Buch ist zudem das innovative Bezahlsystem Pay-What-You-Want (PWYW).
Die 3., vollständig überarbeitete und erweiterte Auflage zeichnet sich durch eine entscheidungsorientierte Darstellung aus und ist somit im Studium ein hilfreiches Lehrbuch und in der Praxis ein wertvolles Nachschlagewerk.

Narr Francke Attempto Verlag GmbH+Co. KG \ Dischingerweg 5 \ 72070 Tübingen \ Germany
Tel. +49 (07071) 9797-0 \ Fax +49 (07071) 97 97-11 \ info@narr.de \ www.narr.de